Sammlung Luchterhand 999

Über dieses Buch: »Die Weltgeschichte? Ersonnen von einem transzendenten Marquis de Sade...« Eugen Chargaff, Biochemiker von Weltrang und einer der schärfsten Kritiker des Wissenschaftsbetriebes, hält in diesen Essays einen Nachruf auf die Wissenschaft und ihr faustisches Ideal. Augustinus, Pascal und Kierkegaard sind seine Zeugen, mit denen er anschaulich macht, worin der eigentliche Traditionsverlust der Moderne besteht. Chargaff greift ein in die zuweilen gespenstische Debatte zur deutschen Vergangenheit. Er untersucht, was als »Wahrheit« gegolten hat im Lauf der Wissenschaftsgeschichte. Und wenn er dem »Haß der Völker« auf der Spur ist, wird deutlich, daß hier ein Betroffener spricht: »Als der Teufel sich keinen Rat mehr wußte, machte er jedes Volk stolz auf seinen eigenen Misthaufen.«

Fünf glänzende Pamphlete, sarkastische und pessimistische Denkzettel. Doch da es Chargaff um die Rolle der Ethik in einer verwissenschaftlichten Welt geht, glimmt noch ein Fünkchen Hoffnung.

Über den Autor: Erwin Chargaff, 1905 geboren, Genforscher und Biochemiker, erhielt zahlreiche wissenschaftliche Auszeichnungen. In der Sammlung Luchterhand sind von ihm erschienen: »Das Feuer des Heraklit. Skizzen aus einem Leben vor der Natur«, 1989 (SL 844); »Unbegreifliches Geheimnis. Wissenschaft als Kampf für und gegen die Natur«, 1989 (SL 849); »Zeugenschaft. Essays über Sprache und Wissenschaft«, 1990 (SL 904).

Erwin Chargaff

Abscheu vor der Weltgeschichte

Fragmente vom Menschen

Luchterhand Literaturverlag

Sammlung Luchterhand, September 1991
Luchterhand Literaturverlag GmbH, Hamburg Zürich. Lizenzausgabe mit freundlicher Genehmigung der Ernst Klett Verlage GmbH u. Co. KG, Stuttgart. Umschlagentwurf: Max Bartholl. Druck: Wagner GmbH, Nördlingen. Printed in Germany.
ISBN 3-630-61999-1

1 2 3 4 5 6 96 95 94 93 92 91

Inhalt

Über die Liebe zur Wahrheit

I

Wahrheit: es gibt wohl kaum ein Wort in der Sprache, das mehr Schnittflächen aufweist. Wo man es anrührt, zieht es Blut. *Veritas, veritatum veritas!* – – hat das jemand gesagt? Eigentlich dürfte so ein Wort keinen Plural haben. Wo es Wahrheiten gibt, gebe es keine Wahrheit: aber das wäre eine voreilige Behauptung. Wenn der Forscher sagt, er strebe nach Wahrheit, indem er Wahrheiten bestimme, hat er recht. Ein Mensch kann den ewigen Singular nicht festlegen; er kann ihn nur umkreisen. Ein Skeptiker mag jedoch zu dem Schlusse kommen, zu viele Wahrheiten seien des Weisen Tod.

Der eine sucht die Wahrheit mit dem Kopf, der andere mit dem Herzen. Die Wahrheit, die der Richter finden soll und diejenige, die Pascal suchen mußte, sind sie dieselbe? Jene ist synonymisch mit Gerechtigkeit, diese mit Gott. Beide sind Ausdruck eines asymptotischen Strebens: immer näher, aber nie ganz dort. Es ist, scheint mir, dem Menschen angeboren, etwas nur dann wirklich suchen zu können, wenn er fühlt, er werde es nie finden.* Langsam, mühsam ersteigt er eine endlose Leiter, wissend daß er das Ende niemals erreichen werde. Lessings berühmte Parabel drückt das besonders

* Das gilt jedoch sicherlich nicht für die moderne Naturforschung. Auf sie trifft Lichtenbergs völlig entgegengesetzte Behauptung zu: »Sehr viele und vielleicht die meisten Menschen müssen, um etwas zu finden, erst wissen, daß es da ist.«[1] Gänzlich unerwartete Entdekkungen sind in der Naturforschung recht selten. Meistens präzisiert sie das verschwommen Gesehene.

schön aus. Menschsein heißt suchen, aber sehr oft wird der Akt des Suchens durch das Gefundene entwertet. In uns allen lebt ein unbeschreibliches Urbild, ein Spiegel aus alten Zeiten. Darin ist alles bewahrt, was wir nicht sind, aber sein sollten.[2]

Das so häufig mißbrauchte Wort klingt schön in vielen Sprachen: *alétheia* (gr.), *veritas* (lat.), *vérité* (fr.), *verità* (it.). Die romanischen Wörter sind mit dem deutschen etymologisch verwandt, wie auch das russische Wort für Glaube, *vera.* Für Wahrheit besitzt das Russische zwei, in ihrem Bedeutungsfeld verschieden getönte Wörter, *právda* und *ístina.* Das englische *truth* steht dem deutschen *treu* nahe.

»Wahr« ist ein im täglichen Leben fortwährend verwendetes, abgegriffenes Wort und zugleich eines der erhabensten in der Sprache. Der Begriff widerspricht der Dialektik, und doch ist er gleichzeitig in eine dialektische Klemme gezwängt, so daß der Skeptiker, wenn er den schönen Leitsatz hört, *magna est veritas et praevalebit,* die große Wahrheit werde obsiegen, sofort fragen muß, ob wir vielleicht das Wahrheit nennen, was obsiegt.

Die Bestimmung der Wahrheit kann einer Folge von logischen Schlüssen unterliegen, sie kann aber auch plötzlich in der Seele eines Menschen aufflammen wie ein Blitz. Im ersten Falle muß die Annäherung an die Wahrheit asymptotisch bleiben; auch wird sich immer die Frage ergeben, ob Zahl und Qualität der Prämissen hinreichend sind. Im zweiten Falle ereignet sich nicht eine Annäherung an die Wahrheit, sondern eine Verschmelzung mit ihr; es handelt sich sozusagen um einen neuen Aggregationszustand der Seele. Dieser Vorgang beschreibt vielleicht die religiöse Erfahrung des einzelnen.

II

Viele Jahre habe ich meinen Studenten gesagt, die Naturwissenschaft sei ein Streben nach der Wahrheit über die Natur oder, besser, nach der Wahrheit über die uns zugänglichen Naturereignisse. Oft habe ich hinzugefügt, daß Naturforschung uns nie berechtigen werde auszurufen: »Ich weiß, was Leben ist!«, sondern bestenfalls die Vermutung bekräftigen könne: »Ich kenne einige Vorgänge, die zum Leben beitragen.« Das erste wäre der Blitz, das zweite die Asymptote, um so mehr, als diese Mutmaßung eher die Form annehmen müßte: »Ich kenne einige Vorgänge, die zum Leben beitragen, aber ich kenne sie nur insoweit, als die von mir verwendeten Methoden zulänglich sind.« Die Naturforschung wird immer konjektural bleiben, das ist ihre Lebensgarantie. Daß sie jetzt für viele eine Art von Religionsersatz geworden ist, schränkt sie ein. Das Auftauchen des Begriffes »Dogma« in unseren gegenwärtigen Wissenschaften ist ein schlechtes Zeichen; ein Zeichen dafür, daß der Natuforscher eines seiner wichtigsten Attribute verliert, seine Vorläufigkeit. Wenn das so weitergeht, wird einer, der die Doppelspiralform der DNS bezweifelt, noch auf dem Scheiterhaufen enden.

In späteren Jahren zog ich dieses Vorläufigkeitsdogma in Betracht – – das ist vielleicht wirklich ein Dogma! – –, indem ich meinen Hörern nahelegte, Naturforschung sei ein Streben nach Wahrscheinlichkeiten über die Natur, von deren jeder es eine unendliche Serie gebe. Wo man aufhöre, sei keine ethische oder epistemologische Frage, sondern eine der Gesellschaft, in der man lebe. In unbedachten Stunden suchte mich sogar der Verdacht heim, daß, wenn ein in unsere Welt verschlagener absoluter Mandschukaiser dekretierte, jetzt wisse man genug, und übrigens, wenn einer sage, die Zahl Pi sei größer als 3,1415, dem werde der Kopf abgeschlagen, – – daß auch dann die Menschheit fortfahren würde zu existieren, mit ihren Schmerzen und Freuden, mit der Sonne in der Früh und den Sternen in der Nacht. Diese würden sogar dank der allmählichen Abnahme des Qualms wieder sichtbar sein.

Was der Forscher sucht, mag er als Wahrheit verklären; was er findet, ist jedoch eine Summe von Wahrheiten, deren jede eine frühere Wahrheit ersetzt hat, ohne diese damit zur Unwahrheit oder Lüge gemacht zu haben. In den Naturwissenschaften ist das Adjektiv »wahr« also wirklich steigerungsfähig. Es wäre mir jedoch lieber, wenn der Komparativ »wahrer« durch eine Wendung wie »eher der Wirklichkeit entsprechend« ersetzt würde. Leider ist diese Steigerung, diese wachsende Annäherung an eine »Wirklichkeit«, die ihre Gänsefüßchen verdient, fast ganz von Maschinen abhängig geworden. Teurere Apparate produzieren mehr und bessere Wahrheiten, was natürlich lächerlich ist. In manchen Wissenschaften, z. B. in der Partikelphysik, erzeugen die Maschinen sogar neue »Wahrheiten«, denn es ist klar: je größer die Kraft, mit der der Stein zermalmt wird, desto kleiner die Teilchen. Der Oberzermalmer, der »Supercollider«, für den die Vereinigten Staaten jetzt 5 Milliarden Dollar ausgeben wollen, ist ein gutes Beispiel, denn hier handelt es sich einfach um eine Maschine zur Erzeugung von Nobelpreisen. Und das in einem Land, wo an kalten Tagen die Obdachlosen der großen Städte auf dem Pflaster liegen, zwischen Schnee und Eis, um sich an den Dampflöchern zu erwärmen.

III

Da sich dieser Aufsatz mit der Wahrheitsliebe befaßt, liegt es nahe, einige Worte über den jetzt immer häufiger werdenden Schwindel in der Naturforschung zu sagen. Da der dazu

Begabte sogar aus Wermut Honig saugt, kann man feststellen, daß die Fülle von wissenschaftlichen Gaunereien, die uns die letzten Jahre enthüllt haben, zumindest das Verdienst beanspruchen darf, die Fadenscheinigkeit des Wahrheitsbegriffes in der Naturforschung klargemacht zu haben. Diese Fadenscheinigkeit ist natürlich nicht allgemein; manche wissenschaftlichen Wahrheiten sind solider und besitzen eine größere Widerstandskraft gegen Ersetzung oder Ablösung als andere.

Schwindel, wofür es im Englischen so etwas wie zehn Synonyme gibt (viel mehr, denke ich, als im Deutschen), kann in den Naturwissenschaften zahlreiche Formen annehmen. Verbalschwindel ist nicht darunter, denn in den Naturwissenschaften gilt nur was gedruckt ist. In den frühen Zeiten der Wissenschaft, aber besonders in der Alchimie und Astrologie, spielte die primitive Bauernfängerei von Mund zu Mund eine viel größere Rolle. Jetzt trifft man sie höchstens in Kolloquien und in den Korridoren bei Tagungen, wo einem manches zuflattert, das nie den Druck erlebt. Auch muß unterschieden werden zwischen Plagiaten; erschwindelten, d. h. nicht gemachten, aber publizierten Beobachtungen; kosmetisch bearbeiteten aktuellen Resultaten; und schließlich zwischen auf Unfähigkeit, Irrtum oder des Teufels Walten zurückzuführenden Beobachtungen, die von anderen nicht bestätigt werden können. Auch gibt es den jetzt allerdings selten werdenden Fall des Mannes, der zahlreiche Arbeiten publiziert und die meisten in weiteren Arbeiten zurücknimmt, wobei sich seine Publikationsliste verdoppelt, ohne daß irgendwas dabei herausgekommen ist.

Ich habe den Eindruck, daß grober Schwindel in den exakten Wissenschaften, z. B. in der Physik und Chemie, viel seltener ist als in den biologischen und besonders in den medizinischen Wissenschaften. Vor ein paar Jahren, als ich in Harvard einen Vortrag über die Metaphysik des Schwindels hielt, kam sogar ein Mann zu mir und fragte, ob es nicht auch mir schiene, daß die meisten erschwindelten Arbeiten von Dr. med.'s und nicht von Dr. phil.'s gezeichnet seien. Obwohl leicht geschmeichelt, antwortete ich, daß ich nicht glaube, die Welt sei so einfach.

Es besteht jedoch keine Frage, daß in der biologischen Forschung viel mehr schiefgehen kann als in den exakten Wissenschaften, die ja dieses Attribut z. T. deshalb verdienen, weil sie es leichter haben, sich der Vollständigkeit ihrer Prämissen zu vergewissern. Ein Chemiker, der nicht weiß, was alles in der von ihm bereiteten Suppe drin ist, verdient nicht den Namen; ein Biologe kann es nie wissen, oder erst dann, wenn er selbst zum Chemiker geworden ist.

Unter den früher aufgezählten Vergehen gegen den Geist der Naturwissenschaften sind die Plagiate das primitivste, so etwas wie die Grandma Moses unter den Malern. Daß einer hergeht, zwanzig drittrangige Arbeiten heraussucht, um sie dann unter dem eigenen Namen in fünftrangigen Zeitschriften zu publizieren, erweckt eher Rührung als Empörung – – wie wenn ein Taschendieb die Hand in die Tasche eines Kollegen steckte. Viel kann da nicht herauskommen.

Viel gefährlicher ist die zweite von mir erwähnte Gruppe: völlig erschwindelte experimentelle oder statistische Resultate. Ich nenne sie gefährlich, weil eines der ältesten Prinzipien der Naturforschung jetzt vielfach ausgeschaltet worden ist, nämlich die »Selbstkorrektur« der Naturwissenschaften. Bis vor kurzem konnte damit gerechnet werden, daß fast jede halbwegs wichtige Beobachtung im Laufe von ein oder zwei Jahren von anderen Forschern nachgeprüft, bestätigt oder widerlegt wurde. Das ist, jedenfalls in den biologischen und medizinischen Fächern, nicht mehr der Fall, denn die meisten Experimente sind dafür zu kostspielig und langwierig. In den letzten Jahren ist eine nicht unbeträchtliche Zahl von erschwindelten Arbeiten gefunden und manchmal auch eingestanden worden; Beispiele, die zeigen, wieviel Gaunerei, aber auch wieviel Schluderei in der sogenannten biomedizinischen Forschung vor sich geht. Man muß annehmen, daß nur ein kleiner Teil der tatsächlichen Vergehen bekannt geworden ist. Daß dies kein gutes Omen für die Zukunft der Naturwissenschaften vorstellt, bedarf kaum der Erwähnung.

Kosmetisch korrigierte und geglättete Resultate sind wahrscheinlich noch viel häufiger als völlig erdachte. All dies zusammen mit den auf Unfähigkeiten beruhenden, in die Literatur eingegangenen Fehlergebnissen wirft einen dunklen Schatten auf die früher über jeden Verdacht erhabene Wahrheitsliebe der biologischen und medizinischen Forschung.

Die durch Induktion ermittelte Wahrheit über die Natur, wie sie uns durch die Naturforschung enthüllt wird, ist auch im besten Falle nicht die *veritas* eines Thomas von Aquino oder Pascal. Sie war aber, das kann nicht geleugnet werden, sehr erfolgreich und leider auch sehr folgenreich für die westliche Gesellschaft. Sie hat -- allerdings nur kleinen Schichten -- zu einem Wohlleben verholfen, wie es nichttechnisierte Gesellschaften nicht hätten erträumen können.

IV

Das Adjektiv »wahr« wird jedoch nicht nur im täglichen Leben gebraucht, wenn ausgedrückt werden soll, eine Behauptung, eine Feststellung, eine Beobachtung entspräche unserer Vorstellung von Wirklichkeit; es wird auch auf künstlerische Erzeugnisse, auf Werke der Literatur und der bildenden Künste angewendet. Insofern mit diesen die Vorstellung der Schönheit verbunden wird -- gemäß der jetzt sicherlich überholten Meinung, daß der Künstler nach Schönheit strebe --, würde mancher vielleicht sagen, die großen Schöpfungen der Literatur und Kunst seien schön, gerade weil sie nicht wahr seien. Wer das behauptete, wäre in guter Gesellschaft; in einer Eintragung aus dem Frühjahr oder dem Sommer 1888 schreibt Nietzsche:

> An einem Philosophen ist es eine Nichtswürdigkeit zu sagen: das Gute und das Schöne sind Eins: fügt er gar noch hinzu »auch das Wahre«, so soll man ihn prügeln. Die Wahrheit ist häßlich: *wir haben die Kunst,* damit wir nicht an der Wahrheit zu Grunde gehn.[3]

Ich würde nicht ohne weiteres beistimmen: die Wahrheit ist manchmal schön, manchmal häßlich; meistens weder das eine noch das andere, indem sie uns z.B. mitteilt, daß das Atomgewicht des Elements Silber 107,880 ist. Ich würde -- mit geziemender Schüchternheit -- sagen, daß Schön und Häßlich in keiner der Künste -- geschrieben, gemalt, gemeißelt, gebaut oder komponiert -- Gegensätze sind, sondern daß beide als Teilhaber der Wahrheit ihren Gegensatz, ihre Verneinung in solchen Begriffen finden wie Erlogenheit oder Unaufrichtigkeit. Die Schönheitsmusik; die sanften Mädchenreklamen; die tragbare Lyrik, daß einem die Tränen kommen; die dicken Romane voll ergaunerten Tiefsinns und angeeigneter Melancholie: sie präsentieren die Unwahrheit, d.h. sie sind unter keinen Umständen wahre oder echte Kunstwerke. In der Beurteilung künstlerischer Erzeugnisse gibt es also so etwas wie die Echtheitsliebe.

Woran erkennt man aber diese Echtheit oder Wahrheit? Sie beruht gewiß nicht auf der Gefälligkeit des Produkts, viel eher auf seiner Intensität, seiner Durchschlagskraft. In dieser

Intensität, in der »Ansteckungskraft« des großen Kunstwerks erblickte Tolstoi das hauptsächliche Kennzeichen wahrer Kunst. Leider verleitete ihn die Forderung, die Intensität der Kunst müsse dem einfachen Volk, dem mythischen *narod,* direkt fühlbar sein, dazu, solche Meisterwerke wie *King Lear* abzulehnen. Nun ist es aber so, daß ein Sammelname wie »Volk« vielleicht demoskopisch verwendbar ist; aber wenn man von einer Beziehung des Volks zur Kunst sprechen will, wird man wahrscheinlich finden, daß »das Volk« den Mist vorzieht. Kitsch wird immer mehr Stimmen auf sich vereinigen als wahre Kunst.

Wenn man die Tautologie nicht scheut, könnte man also sagen, daß echte Kunst in erster Linie Unkitsch ist. Aber einen wirklichen Test für das Erkennen der Wahrheit in der Kunst gibt es nicht. Mit Bezug auf Lyrik habe ich dieser Frage schon früher ein paar Seiten gewidmet, auf die ich verweisen möchte.[4] Es bleibt noch zu bemerken, daß Intensität, wie ich das Wort benutze, nichts mit Erregtheit oder Gewaltsamkeit zu tun hat. Es ist eine Eindringlichkeit, die still oder laut sein kann: Chardin nicht weniger als Michelangelo, Vermeer nicht weniger als Caravaggio, sie sind alle große Künstler; ebenso wie ich bei einem Claudius und einem Gryphius keine Rangunterscheidung vornehmen möchte.

Allerdings scheint es mir, daß diese Form von Wahrheitsliebe, die Echtheitsliebe, jetzt stark zurückgegangen ist, und zwar bei den Ausübenden wie auch im Publikum. Wir sind zwar enorm ökumenisch geworden, und dasselbe Museum wird die Kunst der Inkas oder der Pharaonen zusammen mit den neuesten Happenings und signierten Pissoirgeräten ausstellen. Aber was man Geschmack zu nennen pflegte, haben wir zugleich mit der Unbeirrtheit des Urteils verloren. Wie anders es in der Vergangenheit ausgesehen hat, insbesondere im 18. Jahrhundert, als die neue Wissenschaft der Ästhetik entstand, kann man z. B. in den schönen *Salons* von Diderot nachlesen. Was er, in ungewöhnlicher Anwendungsweise, *naïveté* nannte, ist vielleicht eines der Kriterien einer Wahrheit, die uns verloren gegangen ist.

V

»Du hast dich gestern wieder besoffen.« »Das ist nicht wahr!« Hier bestehen nur zwei Möglichkeiten: er hat sich gestern wirklich nicht betrunken und der Partner hat unrecht mit seiner Behauptung, oder der Beschuldigte hat einen Rausch gehabt und verwendet -- kleiner Talleyrand, der er ist -- seine Worte nur, um seine Gedanken zu verhüllen, d. h. er lügt. Solche Verhüllungen sind alltäglich, denn es gibt Wahrheiten, die man einfach nicht zugibt. (Zum Beispiel hörte ich mir gestern eine Pressekonferenz des Präsidenten Reagan an.)

Oder ein anderes Beispiel: während der am Anfang des Naziregimes häufigen Prügeleien auf den Universitäten wird ein Student von einem Pack seiner Kommilitonen angefallen mit dem Ausruf »Bist a Jud?« (Wie der Akzent es zeigt, sind wir in Wien, in jenem Spätfrühling 1938). Der von einer starken Liebe zur Wahrheit geprägte junge Mann antwortet nicht, denn er weiß, was immer er sagt, sie werden ihn verprügeln. Nun könnte man sagen, daß die Märtyrergeschichte des frühen Christentums viele Beispiele aufweist, in denen eine Frau oder ein Mann um der Wahrheit willen in den Tod ging. Ich würde jedoch entgegnen, daß diese edlen Beispiele mit dem hier behandelten Fall nichts zu tun haben. Der Pflicht die Wahrheit zu sagen muß das Recht entsprechen, sie zu empfangen. Wo dieses Recht nicht besteht, wird die Pflicht fragwürdig.

Was den Auftrag, der Wahrheit Ausdruck zu geben, betrifft, so würde ich entscheiden, daß er absolut ist im Bereich der Forschung. Die Wissenschaft der Zukunft mit Lügen zu beschmutzen ist ein schweres Vergehen. Man veröffentlicht ja nur, um die erkannte Wahrheit zu verbreiten. Im täglichen Leben und bei der aus dem Inneren des einzelnen kommenden Wahrheit sind die Verhältnisse nicht so eindeutig. Da würde ich sagen, daß man anderen Menschen nur diejenigen Wahrheiten schuldig ist, deren Verschweigung ihnen schaden kann. In allem übrigen sollte man keine Unwahrheiten verbreiten, denn das fügt dem eigenen Charakter einen schweren Schaden zu, man kann aber schweigen.

Ein besonders lauter -- und leider hysterischer -- Apostel der Wahrheit war der große Schriftsteller, dessen Bildnis als einziges die Wohnung Immanuel Kants schmückte. Kant hatte eine sehr hohe Meinung von Jean-Jacques Rousseau, dessen Schriften einen enormen Einfluß gehabt haben; weniger vielleicht auf seine eigene Zeit, die der Aufklärung angehörte, als auf die folgenden: Revolution, Napoleon, Romantik. Ich kann nicht umhin ihn zu bewundern, obwohl er mir alles in allem unangenehm ist. Seine *Confessions* enthalten großartige Stellen, aber häufig hinterbleibt ein widerlicher Lakritzengeschmack. Vor all der augenverdrehenden Tugend- und Wahrheitsliebe hat man das Gefühl, als ob der Stil einen mit nassen Händen umarmte.

Kein anderer mir bekannter Schriftsteller hat das Wort Wahrheit so häufig und so eindringlich aus der Feder fließen lassen wie Rousseau. Sie war sein Wahlspruch, sie stand auf seiner Petschaft. »*Vitam impendere vero:* das ist der Wahlspruch, den ich gewählt habe und dessen ich mich würdig fühle.« *(Lettre à d'Alembert)*. Oder: »Heilige und reine Wahrheit, der ich mein Leben gewidmet habe ...«. Die Devise selbst stammt aus der Vierten Satire des Juvenal und bedeutet »das Leben der Wahrheit weihen«. Die nicht untheatralische Hand-aufs-Herzhaftigkeit des Rousseau machte Schule und wurde oft von späteren Schriftstellern nachgeahmt. Von all diesen bemerkte, einen Ausspruch von Joseph de Maistre zitierend, Baudelaire mit Recht, er halte sie schon deswegen für Lügner.[5]*

Das Herz des Menschen ist aber nicht aus Karton und gewiß nicht eindimensional. Der Einfluß Rousseaus auf die Nachwelt war derart enorm und ging in so viele Richtungen, wünschens- und tadelnswerte, daß ich es nicht leicht finde, ein eindeutiges Urteil zu fällen. Er war einer der wenigen Schriftsteller, die gleichsam ihre Seele in die Tinte tauchten, um damit ihre Werke zu schreiben. Daher die vielen Flecken. (Ein anderes Beispiel wäre Dostojewski.) So ist Rousseau an vielen Stellen seiner Schriften ein wundervoller Prosadichter und zugleich in andern Stücken ein scharfer kartesianischer Denker. In seinem letzten Werk, an dem er bis zu seinem Tode schrieb, in den *Rêveries du Promeneur solitaire,* bietet die vierte »Promenade«[6] die beste mir bekannte philosophische Diskussion des früher erwähnten Problems, der Pflicht zur Wahrheit und des Anrechts auf sie. Dort zeigt Rousseau sehr schön, warum er kein Lügner war, wenn er die Unwahrheit sprach.

---

* Unterdessen hat, glaube ich, der Baudelaire-Test weite Verbreitung gefunden. Als vor einigen Jahren ein in die Enge getriebener amerikanischer Präsident den Ausruf tat »I'm not a crook!« (»Ich bin kein Gauner!«), wußte ein ganzes Volk, was es davon halten sollte.

VI

Wie anders weht es uns an aus der folgenden Besprechung von Wahrheit, die ich in Heideggers *Sein und Zeit* (S. 222) finde:

> Die Wahrheit (Entdecktheit) muß dem Seienden immer erst abgerungen werden. Das Seiende wird der Verborgenheit entrissen. Die jeweilige faktische Entdecktheit ist gleichsam immer ein *Raub*. Ist es Zufall, daß die Griechen sich über das Wesen der Wahrheit in einem *privativen* Ausdruck (a-lêtheia) aussprechen? Kündigt sich in solchem Sichaussprechen des Daseins nicht ein ursprüngliches Seinsverständnis seiner selbst an, das wenngleich nur vorontologische Verstehen dessen, daß In-der-Unwahrheit-sein eine wesenhafte Bestimmung des In-der-Welt-seins ausmacht?

Es ist keine Definition von Wahrheit, was wir hier bekommen, sondern die Beschreibung eines der zahlreichen Profile, die der Multi-Januskopf dieses schillernden Begriffes vorzuweisen hat. Es ist aber eine sehr wichtige Facette, denn sie bringt heraus, was wir immer wieder vergessen, nämlich daß man um die Wahrheit kämpfen muß, daß sie ein Raub ist. Wer wird beraubt? Ich würde sagen, es ist die Trübe, die Unbestimmtheit, in der wir unser Leben zu verbringen verdammt sind. So verschmilzt die Wahrheit oft mit zwei andern nicht weniger schillernden Begriffen, der Freiheit und der Gerechtigkeit. Nur ein Freier kann wahr sein, nur ein Wahrer gerecht.

Im Gegensatz zu anderen Sprachen zeigt die deutsche ein besonderes Feingefühl in der Art, mit der sie verschiedene Regungen klassifiziert. Dazu dienen die Komposita mit solchen Wörtern wie Liebe, Lust, Freude, Sinn, Drang, Gier und Sucht. Wir sprechen von Wahrheitsliebe, aber auch von Freiheits- oder Gerechtigkeitsliebe; von Arbeitsfreude oder Arbeitslust; von Ordnungssinn, von Wissensdrang. Das sind alles wünschenswerte Eigenschaften, wenn auch vielleicht in absteigender Reihenfolge. Die Geldgier jedoch, die Habgier, die Habsucht, die Vergnügungssucht, tragen sie nicht schon die Verurteilung auf ihrer vokabularen Stirn? Wenn man die Entsprechungen in andern Sprachen nachsieht, wird man keine Spur einer derartigen Rangordnung finden. Das soll natürlich nicht heißen, daß die andern Sprachen weniger sittenstreng sind; aber das Deutsche, wie übrigens auch das Russische, liegt noch immer näher dem Ursprung, woraus die Seele einer Sprache quillt.

VII

Als philosophischer Begriff nimmt das Wort Wahrheit viel Raum ein in den Registern der Werke aller bedeutenden Philosophen, z. B. sechs engbedruckte Seiten im Hegel-Register. Bin ich mit dieser Wahrheit, in ihrem höchsten Sinne, je in Berührung gewesen? Hat sie sich mir, wie sie es im griechischen *alétheia* tut, jemals ent-hüllt? Ich muß gestehen, ich weiß es nicht. Wenn es geschah, so eher in einem lyrischen, nicht in einem logischen Zusammenhang, beim Lesen oder Ersinnen eines dichterischen Ausdrucks. Es handelte sich also eher um eine aus den Hülsen der Sprache, nicht des Scheines, emporsteigende Wahrheit, so daß mir ein kalter Schauder über den Rücken fuhr. Das gleiche geschah bei manchem Mozart-Adagio. Es war eine völlig attributlose Wahrheit, eine Wahrheit, die den Tod besiegt. Das war nicht, denke ich, die Wahrheit der Philosophen, oder höchstens die eines Philosophen, den die Zunft nur halb anerkennt, wie Jacob Böhme, Pascal, Hamann, Novalis, Kierkegaard. Ich habe sie oft die Clair-obscur-Philosophen genannt.

Ob diese Art von Wahrheit theologisch oder philosophisch genannt werden soll, diese Unterscheidung zu machen fällt mir schwer. Die wissenschaftliche Wahrheit würde ich jedenfalls nicht dazu rechnen, außer vielleicht bei der blitzartigen Erkenntnis eines Naturgesetzes. Im allgemeinen werden Naturgesetze allerdings eher durch langsame Kärrnerarbeit erschlossen und ihre Aufstellung hat nichts mit einem Blitz gemeinsam. Ein großer Theologe, der zugleich ein großer Philosoph war, Thomas von Aquino, hat in seinen *Quaestiones quodlibetales* die Herkunft der unzähligen Wahrheiten aus der einen singulären Wahrheit treffend gekennzeichnet.

> Ab una prima veritate multae veritates in mentibus hominum resultant, sicut ab una facie hominis resultant multae facies in speculo fracto.[7]

Allerdings habe ich den Eindruck, daß, was der Naturforscher als Wahrheiten zutage fördert, im allgemeinen seinen Ursprung aus der *prima veritas,* der »Urwahrheit«, nicht mehr erkennen läßt. Diese entdeckt man nicht durch emsige Arbeit von neun bis achtzehn. Es mag sein, daß zwischen den naturwissenschaftlichen Wahrheiten und der primären Wahrheit zahllose zerbrochene Spiegel einander verzerrte Reflexionen zuwerfen.

Da ich früher das Feingefühl der deutschen Sprache gepriesen habe, möchte ich, gerade im Zusammenhang mit den Naturwissenschaften, noch ein weiteres Beispiel erwähnen. Ich denke an die Wörter Wahrheit und Wahrscheinlichkeit, deren etwas unbehagliche Familienbeziehungen andere Sprachen nicht auszudrücken vermögen. Wen erinnern z. B. *truth* und *probability* daran, daß in ihnen der Unterschied zwischen Sein und Schein zum Vorschein kommen sollte, wie er es im Deutschen tut? In der Naturforschung sind Wahrscheinlichkeit und Wahrheit oft durch nichts mehr getrennt als durch zwei oder drei zusätzliche Experimente mit halbwegs gleichem Resultat. Ich denke, daß man bei gründlicher Durchsicht häufig finden wird, daß die Naturwissenschaften viel reicher an Wahrscheinlichkeiten und Plausibilitäten sind als an Wahrheiten. Am Begriff der Wahrheit gemessen sind die meisten Wissenschaften jetzt viel zu kompliziert geworden, denn der alte Wahrspruch *simplex sigillum veri,* Einfachheit sei das Siegel der Wahrheit, ist nicht außer Kraft gesetzt.

VIII

Zum Schluß eine Frage, die ich kaum zu beantworten vermag. Ist die Wahrheitsliebe eine ursprüngliche primäre Regung des Menschen wie etwa der Geschlechtstrieb? Von den Tieren können wir uns nicht Rat holen, denn diese leben *in* der Wahrheit, ohne daß sie sich zu ihr zu bekennen brauchen. Der Mensch hingegen lebt leider nicht in der Wahrheit und kommt mit ihr, in dieser Singularform, nur selten in Berührung. Auch zwingen ihn die ihm auferlegten Gesellschaftsformen nur allzuoft zu Halbwahrheiten, die er dann dialektisch aufputzen muß.

Als ich mir vor kurzem eine Pressekonferenz des amerikanischen Präsidenten Reagan im Rundfunk anhörte, fand ich mich im Land der zerbrochenen Spiegel. Da hatte es wenig Sinn, über Wahrheit und die Liebe zu ihr, über Wirklichkeit und Wahrscheinlichkeit nachzudenken. Das arthritische Menuett, das da getanzt wurde, hatte nichts mit Wahrheit oder Wirklichkeit zu tun; ob es die Art von Volk, für die es gedacht war, amüsierte, kann ich nicht sagen. Allerdings zeigte es mir, daß ethische oder gar ästhetische Maßstäbe an die Politik, wie sie heutzutage betrieben wird, anzulegen, nur einem Don Quichotte einfallen könnte. Dieser Sucher nach einer selbsterschaffenen Wirklichkeit hätte die traurigen Pirouetten, die da ausgeführt wurden, für das Siegel der Wirklichkeit gehalten.

Die Wirklichkeit ist aber ein graues Ding; wer sie ausdrückt, malt schwarz auf grau. Die Gegensätze, die den Bereich der Wirklichkeit begrenzen, sind auf der einen Seite das Land der Lüge, auf der andern das Reich, das ungeheuer weite Reich der Phantasie. Die Wahrheit hingegen führt ein unstetes Leben in der Seele des Menschen; sie scheut die Lüge, aber nicht die Phantasie. Daher ist die Wahrheitsliebe ein viel umfassenderer Begriff als der Wirklichkeitssinn. Dieser hat sich mit den Zeiten verhängnisvoll verengt und beschränkt sich jetzt fast nur auf das, was wissenschaftlich beweisbar ist. Die Wahrheit jedoch ist ewig; aber wie viele Menschen können sagen, daß sie sie lieben?

So versucht denn die Phantasie immer wieder, die Wahrheit zu weiten Reisen in den Osten zu verlocken; und dann erhebt der Wirklichkeitssinn seinen strengen Finger und verweist sie in feste Grenzen. Die Reise in den Osten ist natürlich scherzhaft gemeint; aber trotz der andersartigen Erklärung im Wörterbuch scheint es mir doch bemerkenswert, daß wir das Verbum »sich orientieren« besitzen, nicht aber von »sich okzidentieren« sprechen. Für frühere Zeiten war der Orient das Rätselhafte, das Phantastische, das Traumreich unbegrenzter Möglichkeiten.

Einem Kind, das zum ersten Mal von den Zehn Geboten hört, wie sie im zweiten Buch Mose (20, 2–17) und im fünften (5, 6–21) stehen, wird es sicherlich nicht aufgefallen sein, daß ein heiliges Verbot darin nicht vorkommt: »Du sollst nicht lügen.« Zwar steht darin »Du solt kein falsch Zeugnis reden wider deinen Nehesten«, aber das ist eigentlich etwas anderes. Ist es denkbar, daß in der Zeit des wilden Wüstendaseins das gelegentliche Sprechen von Unwahrheiten zur Kunst des Überlebens gehörte? An vielleicht etwas weniger markanten Stellen des Alten Testaments fehlt das Verbot allerdings nicht. So zum Beispiel in den Ausführungsbestimmungen zum Dekalog in 3. Mose 19, 11: »Ir solt nicht stelen/noch liegen/ noch felschlich handeln einer mit dem andern«; oder das schöne Stück aus den Sprüchen Salomo, Kap. 6, wie Luther es ursprünglich wiedergab:

> Ein loser Mensch/ein schedlicher Man/gehet mit verkeretem munde/wincket mit augen/deutet mit füssen/ zeiget mit fingern/trachtet allezeit böses und verkerets in seim hertzen/und richtet hadder an. Darumb wird im plötzlich sein Unfal komen/und wird schnell zubrochen werden/das keine Hülffe da sein wird.
> Diese sechs stück hasset der HERR/und am siebenten hat er einen grewel. Hohe augen/falsche Zungen/ Hende die unschüldig Blut vergiessen/Hertze das mit bösen tücken umbgehet/Füsse die behende sind schaden zu thun/falscher Zeuge der frech lügen redet/ Und der hadder zwischen Brüdern anricht.

»Verdrehungen sind ihm im Herzen, allzeit schmiedet er Böses, Hader sendet er aus« -- hier zitiere ich aus Martin Bubers Übersetzung desselben Spruches. Klingt das nicht wie die Schilderung einer Pressekonferenz oder einer Ansprache eines unserer Präsidenten, Kanzler, Premiers? War es immer so, daß die Menschen von ihrer Zeit dachten, sie sei die verlogenste? Ich glaube nicht. Zeiten, welche die Reklame nicht kannten, waren vor dem Ärgsten bewahrt. Diese fing mit dem Kommerz an, ging dann zur Politik über und hat jetzt unser ganzes Leben ergriffen; Religion, Privatleben, Wissenschaft: nichts, buchstäblich nichts, ist von ihr unbeschmutzt geblieben.[8] Sie hat aus der Wahrheit eine statistische Variable gemacht, die nur mittels der Vernichtung der Wahrheit gemessen werden kann. Dort, in der Unendlichkeit, wo sich die parallelen Lügen schneiden, dort wird über unsere Zeit der Stab einer erblindeten Menschheit gebrochen werden. Wir, leichte Wanderer auf dieser schweren Welt, können indessen nur hoffen, daß, was wir geliebt haben, die Wahrheit war.

Über den Haß der Völker

I

In den Vereinigten Staaten von Amerika – – so lese ich es in der New York Times (Sonntagsmagazin vom 10. November 1985) – – tragen jetzt manche Kinder T-Shirts mit der Aufschrift *»Kill a Commie for Mommy«*. Das müssen reizende Eltern sein. Die Aufforderung, der Mama zuliebe einen Kommunisten zu erschlagen, ist vielleicht nicht ganz eindeutig. Soll sie die Absicht des Achtjährigen ausdrücken, mit der Leiche auf dem Rücken Liebmütterchen zu erfreuen? Oder sind wir alle ermahnt, uns an der Ausrottungsaktion zu beteiligen? Gäbe es in Amerika auch nur halb soviel Kommunisten wie Kapitalisten, so würde ich auch T-Shirts mit der Gegenaufschrift erwarten: *»Kill a Cappie for Pappy«*. Jene sind jedoch eine seltene Spezies, denn der Gummivorhang des Westens ist undurchlässiger als der eiserne der Gegenpartei.

An ihren Mythologien werden sie noch alle ersticken, oder vielmehr, sie sind schon erstickt. So erinnere ich mich zum Beispiel, wie oft mir in Berlin gegen Ende 1932 kleine Buben – – drei, vier Jahre alt – – in nagelneuer, blanker SA-Uniform begegneten. Sie spazierten mit ihren Eltern im Tiergarten; ich aber wußte, daß es das Ende war, obwohl der Anfang noch nicht begonnen hatte. Maskeraden neigen zu einem blutigen Ausgang.

Wenn man viele Jahre in Amerika lebt, gewöhnt man es sich ab, solche Dinge – – Hemdentexte, Wagenkleber, Fähnchen usw. – – ernst zu nehmen. Das sind ja alles unschuldige Reklametricks, wird einem gesagt, durch den Profit, also aufs edelste, motiviert; kein Mensch achtet auf so etwas. Ich bin nicht dieser Meinung, ich achte auf vieles: selbst aus einem Lippenstift spritzt manchmal Blut. Der Tiefsinn des Unsinns kann ein Menschenleben erfüllen und viele auslöschen; hinter der Symbolik des Geplappers verbirgt sich die Apokalypse. Manchmal steigen die Graffiti von den Wänden der Untergrundbahn zu uns herunter, und siehe, es wird ein Blutbad. Der Fehler, den Teufel zu einem Meister des Banalen zu erklären, wurde oft gemacht. Es bleibt aber ein Fehler, denn das Leben des einzelnen ist viel zu kurz, um die Erklärung abzuwarten, warum das Schädliche harmlos sei. Außerdem ist das gar nicht wahr.

Im achtzehnten Jahrhundert ist es den Amerikanern gelungen, sich eine großartige Verfassung zu geben, den edelsten Extrakt der Aufklärung. Seit jenen Jahren haben sie aber viel zuviel Zeit damit verbracht, darüber nachzudenken, wie man die klaren Grundsätze umgehen, mißachten und verfälschen könne. Die juristischen und politischen Gewerbe haben gewuchert wie keine andern. Da die mit den Zeiten wechselnde Auslegung der Verfassung ausschließlich den Gerichten überlassen wird, ist das ganze Land von einer dauernden feindlichen Spannung erfüllt. Man läuft fortwährend zum korrupten Politiker, um sich ein Spezialgesetzchen zu kaufen, und zum noch korrupteren Advokaten zwecks prozessualer Entscheidung. Das Netz kontinuierlicher Polarisation, das solcherart über das Gemeinwesen geworfen wird, erzeugt eine Atmosphäre allgemeinen chronischen Hasses. Schadenersatzprozesse dürften niemals in der Geschichte so häufig und so saftig gewesen sein wie jetzt in Amerika. Auch die zahlreichen christlichen Religionen und Sekten haben an der Erschaffung eines Klimas der Heuchelei mitgewirkt, das in seiner Unverfrorenheit jeglichen moralischen Thermometers spottet. Was den Beobachter jedoch in großes Erstaunen versetzen muß, ist, daß bei diesen Christen das Alte Testament eine viel größere Rolle zu spielen scheint als das Neue.

Nun ist das Alte Testament voller Haß, Rache und Ausrottung. Das waren wüste Zeiten, Wüstenzeiten. Im Ersten Johannesbrief (3, 15) lese ich jedoch: *»Omnis qui odit fratrem suum homicida est.«* (»Wer seinen Bruder hasset/der ist ein Todschleger.«) Johannes hat es unterlassen hinzuzufügen, daß, wo es um den Geldbeutel geht, die Brüderlichkeit aufhört; eine Suspension, die in dieser Form auch in der amerikanischen Verfassung nicht vorkommt.

II

»Im Menschen ist der Haß der größte Trieb!«. So steht es in der im Jahre 1680 erschienenen *Sophonisbe* des Daniel Casper von Lohenstein (Erste Abhandlung, Zeile 529). Allerdings gibt es so viele Bewerber um diesen ersten Platz, daß ich nicht weiß, ob der große Barockdichter recht hat. Der Dr. Freud wäre anderer Meinung gewesen. Auch ich würde nicht ohne weiteres beipflichten, zumindest nicht in der Fassung »*im* Menschen«, d. h. im einzelnen; schon eher, wenn es lautete »*in den* Menschen«, d. h. in vielen zusammen. Denn die Masse, die geheimnisvolle Masse fügt eine neue Eigenschaft hinzu, eine Art von kalter Hysterie, in der ein jeder als Katalysator des Ausbruchs seiner Nachbarn dient. Der Haß wäre demnach eine Kettenreaktion, in der der unzureichende Sprung des einzelnen von der Masse zu einem riesenhaften Satz erhöht wird.

Wenn ich die Frage stelle, ob die dem Kind zuteilgewordene Aufmunterung, einen Kommunisten umzubringen, dem Haß entsprungen sei, so werde ich wahrscheinlich die Antwort erhalten, das könne nicht der Fall sein, denn es solle ja der Mommy zuliebe geschehen, und Mom, Mom -- »'s klingt so wunderlich« -- sei ja eine geradezu metaphysische Einheit im Bewußtsein des Amerikaners, deren Leuchtkraft den höchsten Gestalten des religiösen Bewußtseins gleichkomme. Der Totschlag sei also nicht dem Haß zuzuschreiben, sondern der innigen Liebe zum Mütterchen, das sich eben nichts sehnlicher wünsche als einen toten Kommunisten. Ich würde mich natürlich nicht zufriedengeben, sondern erwidern, es handle sich um eine höchst gehässige Aufforderung zu einem politischen Mord, zu einem vulgärfaschistischen Verbrechen, das, da es um die Brutalisierung einer winzigen Minderheit durch eine große Mehrheit gehe, nicht einmal die Bezeichnung Terrorismus verdiene. Was diese Einladung zum Totschlag doppelt gemein mache, würde ich hinzufügen, sei, daß sie sich an ein Kind richte, seine Einbildungskraft vergiftend, bevor es ins Alter des Urteils vorgerückt sei.

Nun muß man es sich vergegenwärtigen, daß das öffentliche -- und vielfach auch das private -- Leben Amerikas *ein* ungeheurer Schreikrampf ist. Es herrscht, was ich den kategorischen Superlativ genannt habe. Jeder Mist ist das Allergrößte, Allerbeste, Allerbilligste. Wenn in diese Listen der Lüge irgendwie ein Komparativ hineingerät, so gleicht das einem Verdammungsurteil. So schlecht wie das Bessere kann nichts sein. Das rote Zorngesicht, die vor Haß herausquellenden Augen sind, sagt man, nur eine Attrappe, eine Kunstfigur; das allgemeine Klima extremer Violenz sei gespielt. Wenn man von allen Äußerungen, die man höre, das meiste abziehe und dann das Gegenteil als wahr annehme, erhalte man so etwas wie den Verbrüderungshymnus der Neunten Symphonie, und dieser komme aus dem Herzen Amerikas.

Selbstverständlich glaube ich kein Wort davon. Das Herz liegt auf der Zunge, und diese ist nicht gespalten. Wenn es einem vorkommt, daß es in einem Land gemein zugeht, so hat man -- und das braucht man besonders in Deutschland nicht zu betonen -- sich meistens nicht verhört.

III

An dieser Stelle muß ich ein kleines Bekenntnis einfügen, das, fürchte ich, meinen Worten mehr an Beweiskraft wegnimmt, als es ihnen durch Aufrichtigkeit hinzusetzt. Ich habe mir schon seit Jahren mitten in Manhattan eine Thebais errichtet, in der ich mich, unbehelligt von Fernsehapparaten, Nachrichtenmagazinen, Reklamegeschrei und dem ganzen elenden Pomp einer sterbenden Welt, der stillen Verzweiflung widmen kann. Das bedeutet, daß das tägliche Leben des Landes nur durch eine dicke Filterschicht zu mir gelangt. Auch so kriege ich noch genug, denn die Lektüre auch nur einer Zeitung reicht aus.

Ich bin also, gerne, kein Fachmann. Allerdings wüßte ich auch nicht, in welches Fach die an Kinder gerichtete Aufforderung zum Totschlag hineingehört. Die Soziologie, die Kriminologie, die Politologie, die Moraltheologie? Oder geht sie gar die Leute an, welche die Ethik als Beruf betreiben, die sogenannten Ethizisten? Diese erinnern mich immer an Lichtenbergs vortrefflichen Versteigerungskatalog, in dem unter anderem »ein Messer ohne Klinge, an welchem der Stiel fehlt« angeboten wird, denn das Werkzeug, mit dessen Hilfe diese Fachleute alle Fragen entscheiden, ist ein Loch aus Damaszenerstahl.

In den verschiedenen Diktaturen, die ein ewiger Schandfleck unseres Jahrhunderts bleiben werden, wurden Parolen ausgegeben. Wer ihnen nicht folgte, verlor oft seinen Kopf.

Das Walten der Weltgeschichte verlief also auf höchst einfache Weise: das Volk kuschte. Das Geheimnisvolle an Amerika -- ein Geheimnis, das ich längst aufgegeben habe zu ergründen -- ist nun, daß das keineswegs der Fall ist. Parolen werden nicht ausgegeben; auch rollen keine Köpfe im grob anatomischen Sinn. Die Moden kommen und gehen, gleichsam auf Planetenbahnen, die jedoch keinen mathematischen Formeln folgen. Es ist, als wenn der Weltgeist sich zurücklehnte und seine Füße ausstreckte; alles läuft wie geschmiert. Wohin es läuft, kann man, denke ich, nicht sagen, noch auch, woher es gelaufen kommt -- und am wenigsten, womit es geschmiert ist.

Ein Chaos kann man weder beschreiben, noch schildern, um so weniger, als man selbst als winziges Teilchen mit herumgewirbelt wird. Höchstens kann man sich an eine Planke klammern, die einen dann auf ihre wilde Reise mitnimmt. So habe ich mir denn die Aufschrift auf dem Kinderhemd ausgesucht -- *»Kill a Commie for Mommy«* --, und mit ihrer Hilfe will ich versuchen, den anspruchsvollen Titel dieses Aufsatzes zu rechtfertigen, indem ich diesem Wort -- vielleicht von der Mutter an ihren Sohn gerichtet -- Gelegenheit gebe, mir einiges über den Haß der Völker zu sagen.

Das Große Siegel der Vereinigten Staaten -- es steht auf meiner recht schäbig gewordenen Ein-Dollar-Note -- verkündet: *Novus ordo rerum.* Auch sagt es in vergilischem Lateinisch, daß Gott dem Unterfangen zugelächelt hat. Von Anfang an waren die Amerikaner ein zugleich manichäisches und messianisches Volk. Sie möchten, wenn es nicht zuviel kostet, die Welt erlösen, eine Welt, die hauptsächlich im Schatten des Bösen dahindunkelt. Das hatte im 18. Jahrhundert noch einen gewissen Sinn, denn die Gründer der Republik waren alles in allem bedeutende Leute, und die von ihnen Angeführten waren im schlimmsten Fall unternehmungslustige und willensstarke Desperados. Der in Europa in seiner Entwicklung eingeschränkte Frühkapitalismus konnte sich hier rücksichtslos ausleben, und wer nicht früher gehenkt wurde, wurde oft reich oder wenigstens wohlhabend. Trotz der großen Erschütterung durch den Import zuerst und dann die angebliche Freilassung der Negersklaven und durch die riesigen Scharen von Einwanderern aus allen Ländern ist die Dekoration des Staatsgebäudes mehr oder weniger unverändert geblieben, obwohl das Bekenntnis zur sogenannten Demokratie allmählich um so lauter geworden ist, als die Substanz derselben einschrumpfte. Mich nach Analogien in der Weltgeschichte umsehend, würde ich sagen, daß die gegenwärtige tatsächliche Regierungsform Amerikas am ehesten der des antiken Roms zur Zeit der Soldatenkaiser ähnelt. Was hätte Septimius oder Caracalla nicht alles zustandegebracht, hätten sie über das Fernsehen und die andern Massenbetäubungsmittel verfügen können!

Jedenfalls kann ich als langjähriger Wähler, bzw. Nichtwähler, bezeugen, daß ich in fast fünfzig Jahren niemals den Eindruck hatte, daß meine Entscheidung in irgendeiner Weise die Richtung des Landes beeinflussen könne. Die beiden Parteien, die angeboten werden, stehen einem nicht näher als einem Römer die pannonische oder gallische Armee. Man spielt elektronische Spielchen mit dem Demos, der aufgefordert wird, sich lieber zu bereichern als nachzudenken, warum in diesem kalten Winter 1985/86 die Anzahl der Obdachlosen allein in der Stadt New York auf 40.000 geschätzt wird und auf 2 bis 3 Millionen im Land. (Die Zahl der Menschen unter der Armutsgrenze in Amerika betrug 33,7 Millionen im Jahre 1984.)

IV

Wie ensteht also der Haß in diesem freien Land; ein Haß, der, durch unzählige Kanäle verbreitet, schließlich in diesem Kinderhemdchen mit seiner brutalen Aufforderung zum Mord ausläuft? Ich habe schon gesagt, daß er nicht einer Parole zuzuschreiben ist, die etwa von dem im Weißen Haus zufällig angesiedelten Lebewesen ausgegeben wurde. Diese Erscheinungen wechseln einander alle vier oder acht Jahre ab; der Haß bleibt, er wächst.

Wenn man lange im Lande lebt, verliert man die Frische des ersten Eindrucks. Was den scharfsichtigen Neuankömmling jedoch zuerst überrascht, ist, wie sehr das riesige Land den Stempel des Kleinbürgertums trägt. Trotz scharfer Klassentrennung und noch deutlicherer Rassentrennung ist der hauptsächliche Eindruck der einer riesenhaften, kulturell minderbemittelten und in der Erziehung benachteiligten Kleinstadt. Nicht alle Bewohner einer Kleinstadt sind Kleinbürger, aber in Amerika scheint das der Fall zu sein. Das dürfte eine der Erklärungen des bornierten Chauvinismus sein, den man hier, besonders bei nicht lange Ansässigen, vorfindet: *God bless America, love it or leave it!* (»Gott segne Amerika, lieb es oder verlaß es!«), ruft der eine Einwanderer dem andern zu. Was in andern Zeiten zur Heimatliebe beitrug -- die Verwurzelung in der Sprache, den Sitten, den Traditionen, der Erinnerung, die Gräber der Vorfahren -- zählt hier nicht. Mit dem ersten verdienten oder erbeuteten Dollar, so wird angenommen, entflammt eine glühende Vaterlandsliebe.

Das ist aber nur eine von zahlreichen Komponenten. Dazu kommen die auf anglosächsischen Traditionen beruhende Selbstgefälligkeit und Selbstgerechtigkeit -- *God's own country* --; ein kalvinistischer Prädestinationsglaube; eine durch Ignoranz genährte Geschichtslosigkeit und Unsicherheit bezüglich des Platzes, den man einnimmt; eine naive Leichtgläubigkeit, paradoxerweise gepaart mit einer arroganten Unbelehrbarkeit. Kleinbürgerlichkeit weist auch manche liebenswerten Züge auf, aber die aufzuzählen überlasse ich einem andern. Die hervorstechende Leidenschaft ist jedoch, neben der Geldgier, und mit ihr verbunden, der Neid, und vom Neid ist der Weg zum Haß sehr kurz. Was den Neid betrifft, so würde ich bis vor kurzem gesagt haben, daß er durch einen für das amerikanische Volk charakteristischen Mythos häufig entschärft wird, nämlich die Sage von der sozialen Beweglichkeit des Landes. Wenn es einem sehr schlecht geht, so lautet die Legende, kann es einem nur besser gehen, und sie verweist auf zahlreiche Beispiele in der Vergangenheit: unverhoffte Glücksfälle, heißt es, haben manchen reich gemacht. Diese Vergangenheit ist aber, fürchte ich, mit der großen Depression der dreißiger Jahre zu Ende gegangen. Der einzige Trost des Trostlosen ist, daß es andern noch schlechter geht.

Als Kain den Abel erschlug, ist er diesem vielleicht nur zuvorgekommen. Bei Kain mag der Haß dem Neid entsprungen sein, Abel hingegen hätte aus ererbter Leidenschaft gehandelt, aus Groll gegen den Andern, also den Überflüssigen, Schlechteren, Häßlicheren, Ungeliebten. War es nicht Kain, welcher allein der Wiederkehr des Paradieses im Wege stand? In diesem Sinne ist das Land Amerika von tiefen Furchen des Hasses überzogen. Manche werden sagen, es sei nur ein Haß von neun bis fünf, aber mir erscheint es nicht so. Die Bombenattentate auf Abtreibungskliniken, arabische Organisationen usw. sprechen eine andere, haßerfüllte Sprache. Es gibt hier Menschen, die nur aus Haß überleben: die aus Rußland stammenden Juden hassen Sowjetrußland; die den Staat Florida überfüllenden Kubaner hassen Fidel

Castro; der Rassenhaß wirft im ganzen Land häßliche Wellen.

Habe ich recht, wenn ich den hierzulande in vielen Formen unterschwellig schwelenden Haß als eine der Erscheinungen des Nationalhasses betrachte? Jedenfalls möchte ich doch einen Blick auf das verhängnisvolle Phänomen des Nationalismus werfen.

V

Als der Teufel sich nicht mehr Rat wußte, machte er jedes Volk stolz auf seinen eigenen Misthaufen. Wer den Misthaufen wechselt, wird als Überläufer teils geehrt, teils beschimpft. Allerdings sind der Nationalismus und sein Stiefbruder, der Nationalhaß, in ihren scharf umrissenen Formen verhältnismäßig junge Erscheinungen, kaum 200 Jahre alt.

Heimatliebe, Vaterlandsliebe (ein erst seit Klopstock verwendetes Wort) sind gewiß in verschollene Urzeiten zurückreichende Gefühle. Die heiligen Satzungen, denen zuliebe die Lakedämonier des Leonidas ihr Leben opferten, sind sicherlich nicht erst von Simonides in der berühmten Grabschrift auf die Thermopylen erfunden worden. Das Land der Väter muß immer heilig gewesen sein. Im Griechischen kommt das Wort *patris* schon bei Homer vor, aber ich denke nicht, daß die Griechen, in zahlreichen Kleinstaaten miteinander verfeindet, den von diesem Wort abstammenden Begriff des Patriotismus, in unserem Sinne, gekannt haben. Es mag ähnlich gewesen sein wie in der Schweiz, wo trotz der geringen Meinung, die jeder Kanton von allen andern zu haben scheint, sich alle, durch den gemeinsamen Franken gefestigt, als Schweizer fühlen.

Mit Ausnahme des Deutschen und der von ihm beeinflußten Sprachen dauerte es lange, bis der Begriff *patris* oder *patria* in die Vokabulare zurückkehrte. Man behalf sich mit solchen Wörtern wie *Heim, Land, pays, country, home.* Im Deutschen ist »Vaterland« bereits im 12. Jahrhundert vorzufinden, das englische »fatherland« erst 500 Jahre später. Auch nachher spielte es eine geringe Rolle: die rhetorischen Bedürfnisse der Engländer ließen sich anderweitig erfüllen. Auch das französische »patrie« erscheint erst 1511.

Wollte man eine Fieberkurve des europäischen Geistes, wie er durch die Jahrhunderte voltigierte, konstruieren, so könnte man mit den linguistischen Lebensläufen solcher Wörter beginnen wie *Patriot* und *Patriotismus, Nationalismus* und schließlich *Chauvinismus* und *Jingoismus. Patriot* hatte zuerst die Bedeutung »Mitbürger«, erlangte aber bereits gegen Ende des 16. Jahrhunderts in den drei hier verglichenen Sprachen, Deutsch, Französisch, Englisch, seinen gegenwärtigen Sinn. Während diese Bezeichnung keinen ideologischen Beigeschmack hat, trifft das auf die folgenden drei Wörter keineswegs zu: man kann geradezu beobachten, wie jedes sich an dem vorhergehenden vollsaugt und daraufhin anschwillt. *Patriotismus:* aus dem 18. Jahrhundert in allen drei Sprachen; *Nationalismus,* franz. 1798, deutsch 1809, engl. 1844; *Chauvinismus,* franz. 1843, deutsch und englisch 1870; im selben Jahr aus England, mit ähnlicher Bedeutung, auch *Jingoismus.*

Vielleicht wurde die Rolle der Französischen Revolution in der Erweckung nationalistischer Bestrebungen übertrieben, denn Tendenzen dieser Art sind schon früher bemerkbar, z. B. in dem durchaus legitimen Wunsch, die eigene Sprache rein zu erhalten. Ich habe sogar den Eindruck, daß lange bevor der Imperialismus sich als Waffe des Nationalismus anbot, eine Art von kulturellem und sprachlichem Imperialismus auftrat, der im 16. Jahrhundert von Italien und Spanien ausging und im 17. und 18. von Frankreich. »Ihr böse Teutschen / man sollt euch peutschen / Das ihr die Muttersprach / so wenig acht.« (Moscherosch) Gerade jetzt ist es übrigens das Amerikanische, das fast alle großen Sprachen besprenkelt.

Geraume Zeit vor der Französischen Revolution waren die Wellen fühlbar, die der Entladung vorausgingen. Das ist am Sturm und Drang ebenso abzulesen wie in den Schriften der Aufklärer und insbesondere Rousseaus. Der Besinnung auf die Natur folgte die Besinnung auf die Nation und auf deren Sprache. In diesem Sinne ist Herder nicht weniger als Rousseau ein Vorläufer des nationalistischen Jahrhunderts.

Grillparzer, der in seinem geliebten Österreich schon früh die zentrifugale Sprengkraft des Nationalismus erkennen konnte, schrieb bereits im Jahre 1849: »Der Weg zur neuern Bildung geht / Von Humanität / Durch Nationalität / Zur Bestialität.« Noch früher hatte es der größte Dichter seiner Zeit aufs klarste ausgedrückt, und er sprach direkt vom Haß.

> »Überhaupt« fuhr Goethe fort, »ist es mit dem Nationalhaß ein eigen Ding. – – Auf den untersten Stufen der Kultur werden Sie ihn immer am stärksten und heftigsten finden. Es gibt aber eine Stufe, wo er ganz verschwindet und wo man gewissermaßen *über* den Nationen steht, und man ein Glück oder ein Wehe seines Nachbarvolkes empfindet, als wäre es dem eigenen begegnet. Diese Kulturstufe war meiner Natur gemäß, und ich hatte mich darin befestigt, ehe ich mein sechzigstes Jahr erreicht hatte.« (Eckermann, Gespräche mit Goethe, Dritter Teil, 14. März 1830)

VI

Der Nationalhaß, um bei Goethe zu verharren, blieb gewiß nicht auf die »untersten Stufen« beschränkt, sondern erfaßte die »obern« mit vielleicht noch größerer Heftigkeit, mit der von Grillparzer erkannten Bestialität. Wenn man im Lichte künftiger Greuel Fichtes *Reden an die deutsche Nation* liest, mit ihrer gehässigen Verachtung für die in anderen Sprachen denkenden Völker, denen die Fähigkeit abgesprochen wird, wirkliche, also deutsche Gedanken zu denken, riecht man das brennende Menschenfleisch kommender Vernichtungsfabriken.

An vielen Beispielen kann man den Weg verfolgen, der vom Patriotismus zum Nationalismus führt und von diesem zum Nationalhaß und schließlich zum Haß schlechthin. Das ganze 19. Jahrhundert ist mit entsprechenden Merkzeichen übersät: Griechenland, Polen, Italien, Deutschland, nicht zu reden von den diversen slawischen Ländern, deren nicht sehr dauerhafte Stabilisierung erst später erfolgte. Die Agonie der türkischen Kolonialmacht dauerte lange, bei den andern erfolgte der Zerfall viel rascher; immer aber hinterließen sie riesenhafte Bruchstücke, die, zum Teil mittels künstlich wieder aufgeweckter Nationalsprachen (Irland, Israel), ihre nationale Definition erst finden mußten. Ganze Weltteile sind jetzt dabei, sich auf synthetischem Wege eine Geschichte zusammenzustoppeln, deren hauptsächlicher Inhalt der Haß gegen die ehemaligen Unterdrücker zu sein scheint. Der richtigere Name für die *United Nations* wäre demnach *Hostile Nationalisms.*

Ich glaube, daß man sagen kann, daß der Haß das Herz eines jeden Nationalismus ist. In vielen Fällen mag es zuerst der Haß gegen den Unterdrücker sein: Preußen vor den Freiheitskriegen, Italien, Polen, Irland, Böhmen, Bosnien, die Araber in ihren von den Juden besetzten Gebieten, Afghanistan usw. »Schlagt ihn tot! Das Weltgericht / Fragt euch nach den Gründen nicht«, rief Heinrich von Kleist 1809 seinen Landsleuten zu, und er meinte Napoleon, dem er nur wenige Jahre vorher, 1803, seine Dienste anzubieten bereit war, um an der geplanten Invasion Englands teilzunehmen, eines England, dem er übrigens nichts Besonderes vorzuwerfen hatte. So wie es eine Wanderniere gibt, gibt es auch einen Wanderhaß. Es gibt übrigens auch eine Schmiere des Hasses. Auf dieser agierte z. B. Adolf Hitler, dessen wirklicher Haß den Juden galt und vielleicht auch den Slawen – – denn er war ja ein oberösterreichischer Kleinbürger – –; sein Haß war aber unbegrenzt dehnbar, so daß er unverzüglich bereit war, auch alle andern zu hassen, von denen ihm der blauäugige Beelzebub beteuerte, es sei angemessen. Der Form nach ist der Ausruf »Juda verrecke!« übrigens nicht viel anders als *»Kill a Commie for Mommy«;* allerdings mit dem alles überwiegenden Unterschied, daß jener Wunsch verwirklicht wurde, während das von diesem vorläufig nicht behauptet werden kann.

Im Ersten Weltkrieg, als die kämpfenden Mächte große Kriegspressequartiere unterhielten, sind die unreinen Quellen, aus denen der Haß und die Hatz gespeist werden, mit besonderer Klarheit zutage getreten. Ich finde es schwer zu glauben, aber es wird berichtet, daß so ein Produkt wie der im Herbst 1914 verbreitete »Haßgesang gegen England« von Ernst Lissauer sehr wirksam gewesen ist. Ob es dem Tyrtäus auch so geschmiert von der Leier geflossen ist? »Wir wollen nicht lassen von unserem Haß. / Wir haben alle nur einen Haß. / Wir lieben vereint, wir hassen vereint. / Wir haben alle nur einen Feind: / England.« So schlechte, unehrliche Verse, und haben dabei wahrscheinlich viele Menschenleben vernichtet.

VII

Den Nationalhaß, in der Form, von der Goethe spricht, wird man eigentlich in Amerika nicht vorfinden; um so weniger als es sogar schwer ist, von einer amerikanischen Nation zu sprechen. Vielleicht kommt das von der kurzen, zugleich turbulenten und zähflüssigen Geschichte des Landes; sicherlich auch von seiner großen Ausdehnung und dem noch immer nicht verdauten Völker- und Sprachengemisch. Ich glaube überhaupt, daß ein Besucher des Landes den Haß gar nicht so schnell gewahr wird. Wenn man ihm begegnet, so scheint er von der Art zu sein, die ich die Neun-bis-Fünf-Varietät genannt habe. Wenn man von einem amerikanischen Nationalcharakter reden kann -- was ich eher bezweifle --, so wird man ihn als gutmütig, hilfsbereit und in mancher Hinsicht großzügig bezeichnen. Hervorstechend aber ist die Leichtgläubigkeit. Diese muß erst in den letzten 100 oder 150 Jahren hinzugewachsen sein, denn der Grundzug des, vielleicht legendären, Yankees war ein überaus gesunder Skeptizismus. Die alte Redewendung »He is from Missouri« ist geradezu ein Synonym für einen mißtrauischen Zweifler.

Um an die Ideale des Unabhängigkeitskrieges zu glauben, brauchte man nicht leichtgläubig zu sein. Weniger als hundert Jahre später, zur Zeit des Bürgerkrieges, waren die Dinge nicht mehr ganz so einfach, denn unterdessen hatte sich der Kapitalismus des Landes bemächtigt, und die sich hinter dem eindeutigen Ideal der Sklavenbefreiung verbergenden Interessen waren zweideutig und nicht leicht durchschaubar. Ein unbefangener Leser der Geschichte wird, glaube ich, zu dem Schluß kommen, daß mit der Besiegung der Südstaaten manche sehr wertvollen Eigenschaften des amerikanischen Lebens unwiderruflich verschwunden sind. Der Sezessionskrieg war es auch, in dem sich die verheerende Wirksamkeit der Propagandaslogans erwiesen hat. Ein Slogan ist eine Vorrichtung zur Vereinfachung, zum Zusammenkleben vieler einzelnen zu einer neuen Regeln gehorchenden Riesenmasse. Die Füße und Köpfe, die über den engen Raum seiner Zuständigkeit hinausragen, werden amputiert.

Es ist viel leichter, tausend Menschen zu belügen als einen. Dieser wichtige Grundsatz steckt hinter der unheilvollen Wirkung der Massenmedien, die zu unsrer Zeit ihren vorläufigen Höhepunkt erreicht hat. Allerdings verspricht die gerade jetzt allenthalben vor sich gehende vertrottelte Verkabelungsaktion die Verklebung der Gehirne noch weiter voranzutreiben; ein Vorgang, der im leichtgläubigen Amerika viel verhängnisvollere Folgen haben kann als er, sagen wir, in Italien hätte. Aus diesem Grunde ist das Land besonders anfällig nicht nur für die Verbreitung von Coca-Cola, sondern auch für die von Haß.

VIII

Wer verbreitet also diesen Haß? Und noch dazu in so einem naiv gutmütigen Volk? Nicht der Präsident, nicht der Kriegsminister, nicht einmal der Doktor Teller. Die sind alle Symptome, die ausschwätzen was ihnen, gleichsam osmotisch, eingeschwärzt worden ist. Verbreitet wird der Haß durch die Vermassung, indem die Multiplikation eines dem einzelnen anhaftenden winzigen Teilchens mit Hunderten von Millionen einen sehr beträchtlichen Wert ergibt. Jedenfalls würde ich sagen, daß in dem meiner Beobachtung unterliegenden halben Jahrhundert der Haß gegen den Kommunismus und das ihn angeblich verkörpernde Sowjetrußland enorme Ausmaße angenommen hat.

Das reichste Land der Welt hat natürlich am meisten zu

verlieren, aber die Anzahl der Reichen ist klein; und wenn man liest, daß 65 % der Bevölkerung die Politik Präsident Reagans trotz oder wegen ihrer kriegshetzerischen Haltung gutheißen, so sind das meistens Kleinbürger, die fürchten, daß die Russen ihnen ihre Barbecue-Roste und Fernsehapparate wegnehmen werden. Es sind im allgemeinen ähnliche Schichten wie jene, die den Aufstieg des Nationalsozialismus möglich gemacht haben, was nicht heißt, daß die weitere Geschichte einen ähnlichen Verlauf nehmen wird.

Jedenfalls bedeutet die Fabrikation von T-Shirts mit der mörderischen Aufschrift, daß der Erzeuger sich einen Markt für das Zeug erhofft, und die Tatsache, daß man solche Hemden sehen kann, daß er ihn gefunden hat. Ohne Wink von oben hat der Fabrikant gehandelt; die dumpfe Volksseele hat ihm zugemurmelt, in diesem Falle sei die Aufmunterung zum Mord gerechtfertigt. Die Amerikaner lassen sich ohnedies nicht zweimal auffordern, nicht einmal einmal, denn auch ohne die Ermunterung ist die Zahl der Kapitalverbrechen wohl die größte in der zivilisierten Welt. In dem hier besprochenen besonderen Fall wird Mommys Freude zwar nur platonisch sein, denn dem Pimpf fehlen Kraft und Erkenntnis. *Tamen est laudanda voluntas...*, und wenn er erwachsen ist, wird er andere Ziele für seine Mordlust finden.

Ich finde die Automatik des Untergangs herzzerreißend. Lauter Männer mit Lämmchengesichtern, beschränkt wohlmeinend, am Sonntag reden sie mit ihrem Pastor vor dem Kirchentor. Und doch, Mord und Blut im Herzen, denn ihr Leben wird immer unerträglicher. Es ist ein Wettlauf, in dem sie sich selbst nie einholen werden. Unterdessen geht die soziale Gemeinschaft zugrunde, die Kohäsion war ohnedies nie sehr stark. Die Jagd auf Schuldige -- woran sie schuld sind, kann niemand sagen -- erzeugt den Haß. So wie der

Hund dem Hasen nachläuft, nicht weil er ihn haßt; aber weil er hinter ihm herlaufen muß, haßt er ihn.

Es ist nicht unmöglich, daß das einzige, was vom Nationalismus übrig bleibt, der Haß sein wird. Zumindest in der westlichen Welt kann man beobachten, daß mit dem Verblassen des Sprachgefühls, mit der Entkräftung der Sprachgesetze, mit der Erschlaffung der sprachlichen Spannkraft, mit dem Verschwinden sprachlicher Traditionen, der Begriff der Nation selbst verschwommen zu werden beginnt. Ein und dieselbe charakterlose Pidgin-Sprache scheint die Welt zu überziehen. Aber der Haß lebt: in Amerika, in Nordirland, in Israel, unter den Arabern, den Basken, den Armeniern. Was ich infolge völliger Ignoranz nicht ermessen kann, ist die Lage in den kommunistischen Ländern.

Es gibt keinen reineren Haß als den, demzuliebe ein Mensch sein eigenes Leben opfert. In diesem Sinne muß man das Anwachsen des Terrorismus in unsrer Welt verstehen. Daß dieser sich sehr oft gegen Unbeteiligte wendet, wird mit Recht beklagt, wobei allerdings außer acht gelassen wird, daß es sich bei diesem Terrorismus um eine Privatisierung des modernen Krieges handelt, der auch im offiziellen Gewand hauptsächlich gegen die Zivilbevölkerung geführt wird.

IX

Den Haß des einzelnen zu betrachten, geht über meine Kraft. Die meisten Menschen empfinden während ihres ganzen Lebens wahrscheinlich überhaupt keine wirklichen Haßgefühle, denn Zorn oder Abneigung ist noch lange kein Haß. Man darf sich nicht durch schlechte Sprachgewohnheiten täuschen lassen, z. B. durch den Mißbrauch des Verbums »to hate« im amerikanischen Englisch: »I hate spinach«, ruft das Kind, womit es nur sagen will, daß es Spinat nicht mag.

Es gibt jedoch einen Haß des einzelnen, der so bewundernswert ist wie selten: den Haß des Satirikers. Seltsamerweise ist dieser unserer Zeit abhanden gekommen. Da sind die dummen Lämmchengesichter plötzlich gütig geworden. Der Haß gegen das Schlechte auf der Welt, gegen den Teufel im Menschen: es ist ein Haß, der eine Form größter Liebe ist, Liebe zu Gott, Liebe zum Geschöpf. Es ist der Haß des Jesaja, des Jeremia, aber auch des Juvenal; es ist der Haß des Jonathan Swift, des Alexander Pope, und so ist es auch der Haß und die Liebe des Karl Kraus. Von diesem stammt ein kurzes Gedicht, *Der Grund* betitelt, aus Band VII der *Worte in Versen.*

Der Grund

Warum mich das Leben nicht freut,
wenngleich ich es nie genossen?
Würgende Stimmen der Zeit
wohnen in mir verschlossen.

Warum ich vom Leben nicht lasse,
wenngleich es mich nie gefreut?
Wurzelnd dort wo ich hasse
wachse ich über die Zeit.

Dieser Antäus des Hasses, kein Herkules der Verzeihung wird ihn aus seinen Wurzeln emporreißen können. Die würgenden Stimmen: diese entsetzliche Empfindung, ersticken zu müssen und nicht ersticken zu können; mir selbst ist es schon einigemal so gegangen, daß ich aus Entsetzen nach Luft schnappte, und es war Stickluft.

Meistens vertreibt die Wut den Witz, aber bei Kraus war das nicht der Fall. Witz ist jedoch viel vergänglicher als Wut oder Haß, und so können wir jenen bei Schriftstellern der

Vergangenheit nicht mehr nachempfinden. Ihr Zorn aber lebt weiter: Horaz, Petronius und Juvenal; Agrippa d'Aubigné, Donne, Dryden und Mathurin Régnier; Swift, Pope und Bernard Mandeville. Das 19. Jahrhundert hat wenig anzubieten, vielleicht Paul-Louis Courier und Flaubert mit seinem letzten unvollendeten Roman *Bouvard et Pécuchet*. Den meisten, die es gekonnt hätten -- Jean Paul, Dickens, Thackeray, Gontscharow -- kam ihre gutbürgerliche gute Laune in den Weg. Dann aber, fast bis 1933, Bloy, Péguy, Kraus, Bernanos, Céline; vielleicht auch der leider vergessene Theodor Haecker in seinen Schriften aus den frühen zwanziger Jahren. Mit Ausnahme von Karl Kraus ist die deutsche Sprache schwach vertreten: die Deutschen hätten keine guten alttestamentarischen Propheten abgegeben. Am ehesten sind es Dramatiker -- Lenz, Büchner, Brecht --, in denen große Satire erscheint.

Jetzt aber ist es still geworden auf der schläfrigen Welt, in der es nichts Unerklärliches mehr geben darf. Die Konfrontation einer Denkerstirn mit einem grinsenden Totenschädel; das Klopfen eines Herzens vor so viel verronnenem Blut; die Erinnerung an eine schönere Welt, die es zwar nie gegeben hat, aber hätte geben können; das Entsetzen vor so viel sprachlosem Elend: all das ist unmöglich geworden, verschwunden mit den letzten Resten einer Hoffnung, die nur in philosophischen, jedoch nicht mehr in theologischen Traktaten lebt. Mit der Hoffnung verschwindet die Fähigkeit zum Zorn: eine nicht mehr der Regeneration fähige Welt ist nicht wert gerettet zu werden.

Vergeudetes Erbe

Über den Verlust der Tradition

I

Ursprünglich hatte ich mir für diesen Aufsatz einen splendiden Titel ausgedacht. Er sollte heißen: *Die Tagträume des Malaventura.* (Und dazu noch als Untertitel: Betrachtungen eines Nichtdeutschen.) Aber dann dachte ich mir: wer kennt schon heutzutage das schöne alte Buch mit dem prächtigen Namen, auf dessen glänzender Folie der von mir gewählte sich nur dunkel abheben sollte? *Die Nachtwachen des Bonaventura,* 1804 anonym irgendwo in Sachsen erschienen. Das Rätselraten über den Verfasser geht noch immer an. In philologisch primitiven Zeiten schlug man eine ganze Reihe berühmter Namen vor: Schelling, Caroline Schlegel, E. T. A. Hoffmann, Brentano, neben wenig bekannten, z. B. J. K. C. Fischer. Als ich das Buch zuerst las, hieß der Autor K. F. G. Wetzel; jetzt, glaube ich, heißt er E. A. F. Klingemann. Was macht das schon? Es bleibt ein erfrischend buntes und vielfältiges Werk, dessen Lektüre ich warm empfehlen kann. Wenn man das Buch, das jetzt leicht zu haben ist (Reclam, Insel Taschenbuch), mit Vergnügen gelesen hat, ist das fast eine Reifeprüfung für Jean Paul.

Daß ich meinen schönen Kontrasttitel verwarf, hat verschiedene Gründe. Hauptsächlich kommt es von dem vielfach bestätigten Eindruck, daß wer sich heutzutage in seinen Schriften auf irgendein kulturelles Traditionsbewußtsein bezieht, ins Leere redet. Wenn ich daran denke, was man in frühern Zeiten mit dem vielleicht etwas geschwollenen Wort Bildung bezeichnet hat, so würde ich sagen, daß jetzt eine ungeheure Unbildung herrscht. Die Menschen wissen nichts, ganz buchstäblich nichts. Die Völker haben ihre Erinnerungen verloren; ihr Gedächtnis ist nur mit Rankünen gefüllt. Den Leuten in der Bundesrepublik scheint ihr innigster Wunsch in Erfüllung gegangen zu sein: zu werden wie die Amerikaner, aber mit besserem Bier. Daß selbst diese Hoffnung in Wirklichkeit illusorisch ist, brauche ich nicht im einzelnen zu erörtern.

Es hätte natürlich nicht den geringsten Sinn, wenn jetzt jemand aufstünde und mir widerspräche, indem er aufzählte, wie viele Exemplare der »Nachtwachen« im vergangenen Jahr verkauft worden seien, und ähnliches. Darum handelt es sich keineswegs. Diese Art von Widerspruch wäre nur eine Illustration davon, was ich ins Leere reden nenne. Die Leere ist nämlich eine Fülle von angeflogenem Zeug, statistischem Material, Schlagwortgewölle, Fernsehgeschwätz und erstaunlicher Unintelligenz. Diese ist nicht angeboren – – der Mensch ist immer besser als er wird – –, sondern ist eine durch harte und geheimnisvolle Arbeit erzeugte allgemeine Beiläufigkeit, eine flimmernde Unsicherheit bezüglich dessen, wer man ist, was man tut, was mit einem geschieht und wozu.

Auch viele andere Einwände lasse ich nicht gelten, wenn ich sie auch mit Respekt anhöre. Ich gebe ohne weiteres zu, daß es in dem Augenblick, da ich diese Worte schreibe, so und so viele gibt, die den Plato oder gar den Plotin im griechischen Original lesen, und vielleicht sogar einen, der soeben den Firdusi aus dem Altpersischen ins Neuhebräische übersetzt. Die Welt ist bunt, wenn man nicht genau hinschaut. Solche Argumente laufen nur darauf hinaus, daß unsre Welt viel mehr Fachleute enthält als je zuvor. Wurde uns nicht zum Beispiel erzählt, daß es viel mehr jetzt lebende Naturforscher gebe als die Gesamtzahl aller, die vor 1900 gewirkt haben? (Deshalb ist so viel Natur noch auf uns gekommen.)

Ich denke sogar, daß auch das eine Erklärung für die gegenwärtige Misere ist: die Verteilung des Wissens unter die Experten. Obwohl man hätte merken sollen, daß, seit es auf spezielle Arten von Trüffeln abgerichtete Schweine gibt, man überhaupt keine Trüffeln mehr findet, vermehren sich noch immer die Fachleute durch unaufhörliche Spaltung der Spezialgebiete. Nur ein Beispiel, weil es gerade heute zu meiner Kenntnis kam. Vor, sagen wir, 25 Jahren war es gar nicht leicht, Professor der Immunologie zu werden, denn diese galt nur als ein Unterfach der innern Medizin oder der Bakteriologie. Jetzt gibt es aber schon einen Professor der Blutgruppenserologie, und später wird es einen für die Blutgruppe A geben. So geht es immer weiter: eine Etage nach der andern im Turme Babylon; die Fahrstühle aber haben längst aufgehört zu funktionieren. Ich will jedoch nicht weiter in diese Kerbe hauen, denn Bildung hat wenig zu tun mit dieser Art von Wissen.

II

Es kommt gewöhnlich so, daß, wenn ein Alter die Gegenwart mit seiner eigenen Jugend vergleicht, ihm diese viel schöner erscheint. Das ist ein Fehler, in den ich nicht verfalle: ich finde alle Zeiten gleich schlecht, aber nicht immer auf dieselbe Weise, so daß Unterschiede durchaus feststellbar sind. Bevor wir etwas Derartiges versuchen, sollten wir das Wort Bildung betrachten. Ich habe schon gesagt, daß ich es als ein etwas geblähtes Wort betrachte. Dafür ist es recht typisch für die deutsche Sprache, aus der es nur das Schwedische direkt übernommen hat.

Bildung in der Bedeutung, mit der ich mich hier befasse,

kommt von den Mystikern des Mittelalters und findet sich auch gelegentlich bei Luther und Jacob Böhme; erst im 18. Jahrhundert wurde es weitgehend verwendet. Campes Definition 1807 ist typisch: »Zustand, da ein Mensch an Geist und Herzen gebildet ist, Geschicklichkeiten und feine Sitten angenommen hat.« Eine moderne Definition aus dem Jahre 1964 findet sich im Deutschen Wörterbuch der Gegenwartssprache: »Entfaltung und Prägung der geistig-seelischen Anlagen des Menschen, Erziehung«. Wie deutsch das Wort in seiner spezifischen Tönung ist, geht auch daraus hervor, daß der Begriff *Bildungsroman* in das kritische Vokabular anderer Sprachen aufgenommen worden ist.

Obwohl die Aufklärungszeit der deutschen Literatur eine wahre Brutstätte von »Bildungsromanen« war – – oder gerade deswegen – –, hörte man schon damals kluge und vorsichtige Warnungen vor der Flatulenz der großen Wörter – – eine Unpäßlichkeit übrigens, an der Amerika noch heute leidet. So schreibt Knigge in seinem Umgang mit Menschen (1792):

> Man gewöhne sich daher im Umgange mit den Aposteln solcher Systeme die großen Wörter: Glück der Welt, Freiheit, Gleichheit, Rechte der Menschheit, Kultur, allgemeine Aufklärung, Bildung, Weltbürgergeist und dergleichen für nichts anderes als für Lockspeisen oder höchstens für gutgemeinte leere Worte zu nehmen.

Die von Knigge erwähnten Apostel sind die »Schwärmer«, eine nicht besonders nützliche Rasse von Zwischengängern, die sich aus Rousseaus unerschöpflichem Süßstoffreservoir immer von neuem verproviantieren.

Andere Sprachen behelfen sich, ohne Mangelerscheinungen aufzuweisen, mit weniger spezialisierten Begriffen wie

»Kultur« oder »Erziehung«. »Bildungsroman« bleibt aber ebenso unübersetzbar wie »Gemütlichkeit« oder »Heimat«.

III

Mein kleiner englischer Langenscheidt übersetzt das Wort »Unbildung« mit »lack of education, want of culture, illiteracy«. Wir leben zwar am Anfang des analphabetischen Zeitalters, das die Menschen zwingt, ihre Tage in einer nur mit Slogans bewachsenen Sprachwüste zu verbringen, aber ich würde nicht so weit gehen, daß ich Unbildung mit Analphabetentum gleichsetze. Allerdings kann ich mir einen hochgebildeten Soziologen oder einen eingefleischten Politiker vorstellen, von dem ich sagen würde, er sei ein Analphabet zweiten Grades: er verfüge zwar über Wörter, die im Duden oder im Webster vorkommen, wende sie aber an wie pointillistische Farbtupfen, ohne Bezug darauf, was sie wirklich bedeuten.

Es ist nämlich so, daß das, was man jetzt Erziehung nennt, den sogenannten Lernenden seiner Sprache, der wirklichen Trägerin von Tradition und Erinnerung, entfremdet. Das ist mir während meines langen Aufenthaltes in den Vereinigten Staaten besonders klar geworden, ich glaube aber, daß es auch auf Deutschland, zumindest das westliche, zutrifft. Die Fähigkeit, die Muttersprache mit all ihren in Jahrtausenden hinzugewachsenen Feinheiten zu verwenden, ist fast überall verschwunden. Ich glaube sogar, daß man das Innerste seiner eigenen Sprache am besten mit Hilfe des Latein- oder Griechischstudiums erfassen kann, also mittels der »toten« Grammatik einer hochentwickelten, aber in ihrer Entwicklung stehengebliebenen, flektierenden Sprache. Ich weiß, daß man sich mit so einer Behauptung lächerlich macht. Aber warum nicht? Es gibt heutzutage so wenig zu lachen. Außerdem glaube ich, daß ich recht habe, wenn ich auch nicht behaupten will, daß das der einzige Weg ist. Die Erzählerinnen, von denen die Brüder Grimm ihre Märchen bezogen, hatten gewiß nicht Latein gelernt, aber die Grimms selbst konnten es gut, als sie den endgültigen Text verfaßten.

Der Name Jacob Grimm erinnert mich übrigens daran, daß man mit seiner Hilfe den Beginn der Barbarei halbwegs datieren kann: so um 1850. Als das Deutsche Wörterbuch 1854 zu erscheinen begann, und bis zum Worte »Frucht« – – dem letzten, das er bearbeiten konnte – –, verwendete Jacob Grimm als Hilfe bei der Definition aller wichtigen Begriffe ihre lateinischen Entsprechungen; z. B. ANBEFEHLEN, *imperare, mandare, commendare …;* AUFRUHR, *commotio, seditio, tumultus …;* BEGINNEN, *incipere.* Die späteren Herausgeber des Hundertjahrwerkes behielten diese Gepflogenheit bei, aber sie war offensichtlich nicht mehr zeitgemäß, denn vor so viel neuem Wissen hatte das alte den Platz geräumt. Aber noch viel später, lange nach Grimm, gedachte ein so großer und bitterer Meister der Prosa wie Karl Kraus in dankbarer Rührung seines alten Gymnasialprofessors – – »Henricus Stephanus Sedlmayer« – –, der ihn Deutsch und Lateinisch gelehrt hatte. Er tat dies, wie es sich gehörte, in Form einer horazischen Ode, aus der hier eine Strophe zitiert sei.

Latein und Deutsch: du hast sie mir beigebracht.
Doch dank ich Deutsch dir, weil ich Latein gelernt.
  Wie wurde deutsch mir, als ich deinen
  Lieben Ovidius lesen konnte!
  (An einen alten Lehrer, Worte in Versen II)

IV

Die Tradition, von der ich hier spreche und deren Verschwinden ich beklage, kann vielleicht umschrieben werden als kulturelle und historische Bewußtheit. Sie hat nichts mit dem sogenannten Blut zu tun, sehr viel hingegen mit der Sprache. Es gibt so etwas wie eine psychische Geographie, ein Ortsbewußtsein, das den einzelnen befähigt zu erkennen, auf welchem Boden er steht: er kann die Ahnen nennen, die ihm vorausgingen, die Vorbilder, die ihm vorschwebten, die Schreckbilder, die zu vermeiden er versuchen muß; was nach ihm selbst kommt, kann er nicht wissen. Je mehr er zu zweifeln vermag, desto ferner ist er der Verzweiflung, denn die Ungewißheit bei ständigem Suchen ist selbst eine Festigung. Solche Denker wie Karl Marx oder Walter Benjamin waren bei sich zu Hause, viel mehr so als die bösen Männer, die sie vertrieben oder in den Tod hetzten. Aus dem Vermächtnis unzähliger Menschen ist die Vergangenheit gewoben, nicht nur solcher, die man nennen kann; aber ohne Knotenpunkte könnten wir das Gewebe nicht sehen.

Dieses Traditionsbewußtsein darf man nicht mit dem gleichsetzen, was man jetzt als Wissen bezeichnet. Es ist nicht das Wissen, das die Wissenschaften bewahren und in immer neuer Politur und wachsender Menge herbeischaffen. Es ist vielmehr etwas, womit das ganze Wesen, der ganze Geist des einzelnen gleichsam gebeizt und getränkt ist. Oft kann er gar nicht sagen, woher es gekommen ist, aber es ist, häufig subliminal, verfügbar, assoziativ aus abgründigen Tiefen auftauchend. Es bedarf einer kritischen Masse von einzelnen, um kollektiv am Leben zu bleiben. Wird diese zu klein oder ihrer Sache unsicher, so verschwindet die Tradition. Ich habe den Eindruck, daß das in den mir bekannten Ländern geschehen ist, obwohl nicht überall in dem gleichen Ausmaß.

Besonders schlimm sieht es meines Erachtens in Amerika und in Deutschland aus, etwas weniger in Frankreich, Italien, England. Von andern Ländern weiß ich nicht genug, vermute jedoch, daß die Erschlaffung der geistigen Traditionen für die ganze zivilisierte Welt gilt. Es ist nicht unmöglich, daß in den kommunistischen Ländern, die in vielen Dingen altmodisch zurückgeblieben sind, auch diese Entwicklung weniger weit fortgeschritten ist.

Wenn ich in eine Buchhandlung gehe, um mich nach einer neu erschienenen Biographie von Alexander Pope zu erkundigen und der Verkäufer fragt »Which pope?«; wenn ich einen Aufsatz einsende, in dem der Name des Herostrat vorkommt, und der Herausgeber der Zeitschrift ruft mich an, um mir zu sagen, niemand im Redaktionsbüro habe diesen Namen gehört; wenn ein Verlagslektor sich bei mir erkundigt, was das für eine Geschichte sei, die ich zitiere, von dem Hirtenknaben, der zu oft »Wolf!« gerufen habe (dabei steht sie schon im Aesop): wenn das und noch viel mehr derartiges einem einzelnen begegnet, muß er schließen, daß er nicht mehr von dieser Welt ist, und daß eine Epoche, die 2500 Jahre und länger gedauert hat, jetzt vor seinen Augen zu Ende gegangen ist, ihn auf der falschen Seite des Abgrundes zurücklassend.

Bei wem soll man sich beschweren? Bei der UNESCO? Die Arme hat jetzt andere Sorgen, und hat sie eigentlich immer gehabt. Aber gerade jetzt haben die Vereinigten Staaten und Großbritannien ihre Mitgliedschaft aufgekündigt, wahrscheinlich als sie bemerkten, daß die Mehrzahl der Delegierten nicht mehr dezent rosafarbig im Gesicht waren. Dabei trug diese Organisation Erziehung, Wissenschaft und Kultur schon in ihrem Namen. Allerdings ist das Weltkind in der Mitten seinen beiden Flügeldamen, der Erziehung und der

Kultur, so weit vorausgeeilt, daß an ein Einholen nicht mehr zu denken ist. Jetzt können die Wissenschaften nur mehr sich selbst überflügeln, und sie sind gerade dabei.

V

Von Amerika zu erwarten, daß es in der, historisch genommen, kurzen Zeit seiner Existenz eine nationale Kulturtradition hätte entwickeln können, ist zu viel verlangt. In mancher Beziehung ist erstaunlich viel geleistet worden, aber jetzt geht es eher bergab. Wenn man von einer Tradition reden kann, so ist sie eine englisch-bürgerliche unter der Schutzherrschaft der englischen Sprache des 18. Jahrhunderts. Viel ist davon nicht übrig geblieben, weder von dieser Tradition noch von dieser Sprache. Was die großen Männer, die Amerikas Unabhängigkeit begründeten, nicht eingesehen haben und wahrscheinlich trotz aller Aufgeklärtheit nicht hätten einsehen können, war der furchtbare Schaden, den sie ihrem neuen Gebilde durch die Beibehaltung der Sklaverei mit auf den Weg gaben. Die Erbschaft der Doppelzüngigkeit zerfrißt als eine unaufhaltsame Fäulnis den Unterbau des Landes.

Jedenfalls wird es noch Hunderte von Jahren dauern, bevor eine Feststellung der Richtung, in der eine eventuelle amerikanische Tradition sich bewegt, möglich sein wird. Vielleicht wird es auch nie dazu kommen, denn wenn man von einer bis jetzt in Amerika herrschenden Tendenz reden kann, so besteht sie in der Vernichtung von Traditionen, in der Ausmerzung von Erinnerungen. Wir haben es mit einer nicht nur ahistorischen, sondern antihistorischen Nation zu tun.

Gute Schriftsteller wachsen an der Sprache, aber das Verhältnis ist nicht einseitig: die Sprache wächst mit den guten Schriftstellern. Daß diese Wechselwirkung in Amerika von

Anfang an nicht richtig funktionierte, kann man schon daran erkennen, daß viele der bekanntesten Schriftsteller in Übersetzungen wirksamer sind und sich besser lesen als im Original. Das mag auf Cooper und Hawthorne zutreffen, stellenweise auch auf Melville, auf keinen aber mehr als auf Edgar Allan Poe, den ich schon vor Jahren als einen wahren Übersetzungsriesen erkannt habe. Erst mit Henry James und T. S. Eliot kommen wir zu einer Kongruenz von Sprache und Leistung; es ist kein Zufall, daß beide Amerika aufgaben, um sich in England, dem Heim einer lebenden Sprache und Tradition, niederzulassen.

VI

Der Leser dieser Zeilen wird vielleicht erkannt haben, daß ich unter Tradition einen ganz besonderen Zustand verstehe, in dem die geistigen Züge und Schöpfungen der Vergangenheit weiterleben, sozusagen als Klima, als Atmosphäre, auch wenn der einzelne ihre Existenz nicht gewahr ist. Deshalb habe ich früher die Tradition als eine Art von Beize beschrieben; eine Metapher, die ich nicht länger ausspinnen will. Als Pfeiler einer lebenden Tradition können Kunstwerke dienen, Kompositionen, Bücher, Gedanken, Erlebnisse und was auch immer, aber nur so lange wie die Nachkommenschaft Rezeptoren besitzt, die auf die Tradition ansprechen. Als Racine seine *Phèdre* 1677 zuerst aufführen ließ, setzte er eine Bewegung in Gang, die keineswegs nur auf diejenigen beschränkt war, welche die Tragödie sehen oder lesen konnten; er tat mehr, denn er fügte der Weltgeschichte eine neue Erregung hinzu, die man bis vor kurzem als unstillbar hätte ansehen können. Dasselbe gilt für jede geistige und künstlerische Schöpfung. Ich sagte soeben »bis vor kurzem«, denn ich halte es, wie schon der Titel dieses Aufsatzes ausdrückt, für wahrscheinlich, daß viele Völker die Rezeptoren, die ich erwähnte, bereits eingebüßt haben und andere im Begriff sind, sie zu verlieren.

Traditionen sind hartnäckig und widerstehen manchmal sogar großen historischen Katastrophen. Selbst das Christentum, selbst die Völkerwanderungen, selbst der Islam vermochten nicht, den Winterschlaf der griechisch-römischen Tradition in einen Tod zu verwandeln. Vergil blieb der »Vater des Abendlandes«, als den ihn Theodor Haecker anläßlich der zweitausendsten Wiederkehr seines Geburtstages bezeichnete. Auch die Französische Revolution, so wirksam in politischer und sozialer Hinsicht, hinderte die Tradition Frankreichs nicht daran, ihren zähen und allmählichen Fluß fortzusetzen. Ich werde wahrscheinlich auf Widerstand stoßen und sage es nur zögernd, aber ich habe den Eindruck, daß das gleiche auch auf die Große Russische Revolution zutrifft. Die riesenhaft langsamen tektonischen Verschiebungen der verschiedenen Schichten der Menschengemeinschaft gehen in einer ganz anderen zeitlichen Beziehung vor sich als irgend ein sozialer oder geistiger Umsturz.

Anders steht es meines Erachtens mit dem Zusammenbruch der Weimarer Republik und der Machtübernahme durch den Nationalsozialismus. Das war weder ein Putsch noch eine Revolution, sondern in seinen Anfängen ein wahrscheinlich durch eine Mehrheit der Bevölkerung unterstützter Regimewechsel. Was dann daraus wurde, war allerdings etwas in der Weltgeschichte Einmaliges, und es wird eine lange Zeit vergehen müssen, bevor man ihm gerecht werden wird, wenn es überhaupt je möglich sein wird. Erst müssen nicht nur die Teilnehmer, sondern selbst deren Urenkel tot sein. Es gibt Taten, die nur besprochen werden können, indem man sie falsch auslegt; etwas, was die Historiker der

Zukunft sich nicht werden zweimal sagen lassen. Solang auch nur einer am Leben ist, der sagen kann »Das ist falsch!«, kann das also nicht geschehen.

Unsägliche Verbrechen beflecken die Sprache, mit deren Hilfe sie ausgeführt wurden. Das ist mit dem Deutschen geschehen, und wer es leugnen will, weiß nicht, wovon er redet. Laut Adorno dürfte es nach Auschwitz keine Gedichte geben. Ich glaube, er hat unrecht: damit es zu Auschwitz kommen konnte, mußten Gedichte schon früher unmöglich geworden sein. Tatsächlich war der immer mehr zunehmende Schwächezustand der Sprache schon seit Anfang dieses Jahrhunderts bemerkbar, so daß die Armseligkeit der geistigen Erzeugnisse in Deutschland nach 1945 nur eine Fortsetzung früherer Zustände zu sein scheint. Daß die Mediokrität jedoch bruchlos weitergehen würde, als wäre nichts geschehen, hätte ich voraussehen sollen, habe es aber nicht getan. Was erwartete ich denn? Vielleicht ein Requiem des Schweigens, vielleicht aber auch etwas Beredteres, der Tiefe des Abgrundes Würdigeres. Es ist wahr, ein paar anständige, betretene jüngere Menschen sind erschienen, aber Gips bleibt Gips, auch wenn er als Marmor bemalt ist.

VII

Damit man mit dem eigenen Kopf in der Hand auf der Straße marschieren könne, kommt es nur auf den ersten Schritt an. Das ist eine alte, wohlbekannte Maxime, die sich nicht nur auf St. Denis bezieht. Sie gilt übrigens auch für den häufigeren Fall, daß einer mit dem Kopf seines Nebenmenschen in der Hand über die Straße geht. Immer ist es der erste Schritt, der zählt. Der Scharfblick eines Lichtenberg hat uns gelehrt, daß die meisten Leute, um etwas zu finden, zuerst wissen müssen, daß es existiert. Genauso kann man sagen, daß die meisten, um etwas tun zu wollen, wissen müssen, daß es bereits getan worden ist. Selbst die Weltgeschichte zögert vor ersten Schritten.

Solche ersten Male können der Tradition eines Volkes, ja der ganzen zivilisierten Welt etwas Neues hinzufügen. Sie können sie bereichern, sie können sie verarmen und sogar vernichten. Ich habe den Eindruck, daß was zwischen 1933 und 1945 zuerst in Deutschland und später im besetzten Europa geschehen ist, einen derartigen ersten Schritt vorstellt. Zweifellos handelt es sich dabei um ein historisches Unikum: den Versuch einer Eugenik oder, besser, Rassenhygiene im größten Maßstab, wobei die Professoren mit ihren Wissenschaften vielleicht nicht mehr an der Spitze standen, obwohl sie gewiß Prozente bekamen.*

Hier eine kleine Parenthese ohne Klammern. Sehen unsere genetischen Ingenieure und emsigen Gentransplantatoren nicht ein, daß sie an einer Linie arbeiten, die mit Sir Francis Galton begann und völlig gerade über Karl Pearson, Eugen Fischer, O. von Verschuer usw. zu ihnen verläuft? Sind sie stolz darauf, mitmengeln zu dürfen?

Der imposante und wissenschaftlich konsequente Plan, mit den minderwertigen Rassen ein für allemal Schluß zu machen -- war er grandioser in seiner Dummheit oder in seiner Bestialität? (Dabei möchte man sich wie immer bei den Tieren entschuldigen: sie hat man nicht gemeint.) Jedenfalls ist der Plan gescheitert: Irrsinnige wird es immer geben; noch gibt es Zigeuner und sogar Juden. Da aber immer der

---

* In diesem Zusammenhang möchte ich auf ein interessantes Buch hinweisen: Benno Müller-Hill, Tödliche Wissenschaft -- Die Aussonderung von Juden, Zigeunern und Geisteskranken 1933–1945 (Reinbek bei Hamburg, 1984).

erste Schritt zählt, hat das Weltbewußtsein ihn sicherlich getreu vermerkt und ihn jenem geheimnisvollen *corpus mysticum* hinzugefügt, in dem alles, was je getan, gedacht, gefühlt worden ist, bis ans Ende der Zeiten bewahrt bleibt.

Warum das gerade in Deutschland geschah, kann ich nicht erklären. Die großen Schöpfungen der deutschen Literatur und Kunst, der Philosophie und der Wissenschaft, und insbesondere der Musik, hätten es nicht voraussagen lassen.* In optimistischen Stunden habe ich mir immer gesagt, daß die Deutschen hier, wie so oft, nur die Vorläufer gewesen seien, frühe Pioniere einer allgemeinen, allmählich zutage tretenden Unmenschlichkeit. Meistens bin ich jedoch Pessimist, und dann gebe ich das Nachdenken auf. Bevor ich in diesen wünschenswerten Zustand versinke, hört man mich manchmal murmeln, daß die Art, in der Deutschland die gräßlichen Geschehnisse überstanden hat, nicht weniger grauenhaft ist als diese selbst.

Wer dem Grauen unsrer Welt für kurze Zeit entgehen will, kann nichts besseres tun als in Lichtenbergs Notizen zu blättern. Man kann endlos blättern in den »Sudelbüchern« dieses größten Aphoristikers der deutschen Sprache: ein erfrischendes Bad für den Geist in einer Milchstraße von Einfällen; manchmal ist es auch eine Eselsmilch-Straße. Ich war aber erstaunt, auf die folgende Bemerkung aus den 1790er Jahren zu stoßen (in der Numerierung der Hanser-Ausgabe):

> Die Juden, die sich in die Gesellschaft aller Völker eingeschachert haben. Dieses verrät schon das Ungeziefermäßige. (L358).

* Ein weiser Mann – – er ist tot – – sagte einmal zu mir, er habe eine spezielle Furcht vor musikalischen Völkern: sie seien besonders geneigt zu Exzessen und Scheußlichkeiten aller Arten.

Es ist nicht die einzige gehässige Bemerkung über das Volk, das dem großen Mann »neben seinen eignen bösen Begierden am meisten zu schaffen gemacht hat« (D62), aber es ist ein Gedanke, der das Wesentliche trifft, ein zukunftsträchtiger Gedanke, indem er »das Ungeziefermäßige« betont; eine Bezeichnung, die das Vernichtungsurteil in sich trägt. Die romanischen Völker waren da vielleicht etwas laxer, aber Ungeziefer, das weiß jeder anständige Mensch, muß ausgerottet werden. Vielleicht hat sich der Mensch immer als Polizist der Natur gefühlt, aber erst die moderne Wissenschaft und Technik verliehen ihm den Wahn, es sein zu können.

Mit Ausnahme von Montesquieu und Lessing waren die großen Schriftsteller der Aufklärung den Juden nicht wohlgesinnt. Wann immer z. B. Voltaire einen Wucherjuden übers Ohr gehaut hatte, war er bös auf ihn und schimpfte. Dennoch denke ich nicht, daß der sumperhafte Ton, der aus manchen Notizen Lichtenbergs atmet (z. B. F417, L570, L593, L594), sich in den Aussprüchen der großen Schriftsteller des Jahrhunderts aus anderen Ländern wird finden lassen. Jene erinnern leider eher daran, was der Rabbi Kahane über die Palästiner sagt.

VIII

Was heißt das, wenn man von einem Volk sagt, es habe diese Eigenschaft, und von einem andern, es habe jene? Verfällt man da nicht in einen sehr häufigen Fehler, dessen auch ich mich oft schuldig gemacht habe, in den Fehler eines Globalurteils über die Völker? Die in solchen Urteilen enthaltene Meinung mag für ein ganzes Volk gelten, nie aber für einen einzigen Vertreter des Volkes, ja auch nicht für tausend. Wir reden von Frauen, Männern, Juden, Franzosen, Chinesen und glauben im einzelnen den Geschlechts- oder Nationalcharakter wiederzuerkennen, den wir aus der Gesamtbeschreibung, also einer sozusagen rechnerischen Konstruktion, bezogen haben. Damit begehen wir einen groben Irrtum, denn wir sind keine Versicherungsgesellschaft oder Behörde und wüßten mit den riesigen und zur Verallgemeinerung drängenden Zahlen nichts anzufangen. Wir haben es immer mit einzelnen zu tun, und wir verfälschen sie, wenn wir sie so behandeln, wie wir es für das ganze Volk gelernt haben. Je ferner uns eine Gemeinschaft ist, um so größer die Gefahr eines unsinnigen Urteils.

Ich habe es zum Beispiel sagen hören, daß der Umstand, daß die Juden durch Jahrtausende unter fremden Völkern leben konnten, ohne ihnen besser verständlich zu werden, gegen die Juden spreche. Sie seien, wie Lichtenberg schreibt, ein halsstarriges, hartnäckiges, rebellisches Volk. Das ist ebenso unsinnig, wie wenn man sagte, die Existenz des Ausdruckes »die anderen« sei ihr Verdammungsurteil. Warum seien sie nicht alle zu »einen« geworden? Unzählige haben das natürlich getan, ebenso wie Millionen von Juden im Laufe der Geschichte verschwunden sein müssen, wie einst die Sumerer und Hethiter und andere historischen Völker, durch Auflösung, nicht durch Vernichtung.

Über diese Fragen habe ich im vierten Kapitel meines Buches *Zeugenschaft* schon einiges geschrieben. Das Anderssein ist ein tiefes Mysterium, notwendig für das Gefüge der Welt, wie die Diastole für die Systole. Preisen wir diese und jene, so wie wir dankbar sind, einatmen und ausatmen zu dürfen. Unser gräßliches Jahrhundert ist das erste, das sich unterfangen hat, hier mit Rationalisierungsmaßnahmen durchzugreifen. Übrigens habe ich zu diesen Fragen eine Maxime entwickelt, für die ich allerdings meine wissenschaftliche

Hand nicht ins Feuer legen wollte. Sie lautet: »Je ähnlicher die andern den einen sind, desto heftiger die Feindschaft.«

Ich kehre jetzt zu der Feststellung zurück, die ich im vorhergehenden Abschnitt gemacht habe, daß, wenn Deutschland zwischen 1933 und 1945 schwer krank war, die Form seiner Genesung nicht weniger furchterregend ist. Alles ging wie geölt: von der Satansmesse zur Ausspeisung der Caritas, ohne Zeit, auch nur die Untergesinnung zu wechseln. So erscheinen mir die letzten vierzig Jahre als eine Form des Eiterns oder als ein sehr langsamer Vergiftungsprozeß. Freundlichere Menschen würden es vielleicht einen Entgiftungsprozeß nennen.

Was ich erwartet habe? Ich kann es nicht sagen. Es ist wahrscheinlich zeit meines Lebens mein großer Fehler gewesen, mehr von den Menschen zu erwarten als ich das Recht hatte. Der kühle Skeptizismus eines Montaigne konnte nicht so leicht enttäuscht werden.

IX

Die Bruch- und Nahtlosigkeit des Überganges zur Normalität mag jedoch nur oberflächlich gewesen sein. Was ich das Verschwinden der Tradition, des kulturellen Bewußtseins, genannt habe, ist nämlich zu jener Zeit erfolgt, als Deutschland unter der Führung unwürdiger Männer in die tiefste Barbarei verfiel. Wäre das Gebäude nicht schon vorher morsch gewesen, hätte es zu einem derartigen Verfall vielleicht nicht kommen können. Es ist wahrscheinlich nicht übertrieben anzunehmen, daß die Morschheit in den angeblich neuen Bau übernommen worden ist.

In der Geschichte scheint es immer so gegangen zu sein, daß, wenn eine Schichte in ihrer Rolle als Kulturträgerin erschlaffte, eine andere die Führung übernahm; so das Bürgertum als Nachfolger des Adels und der Kirche. Die Wissenschaften, insbesondere die Naturwissenschaften, und die Technik sind hauptsächlich bürgerliche Errungenschaften. Wenn man Memoiren, Selbstbiographien oder Briefe aus dem 17., 18. oder 19. Jahrhundert liest, fällt die sehr weite Verbreitung von Bildung auf. So ein Gauner wie Casanova, ein genialer Gauner, aus armer Schauspielerfamilie in Venedig, unterhält sich mit Voltaire über Ariost und Maffei und kann anscheinend den ganzen Horaz auswendig. Das war auch die Zeit der Autodidakten, der sich aus unsäglicher Armut Emporarbeitenden: Karl Philipp Moritz, Salomon Maimon, Johann Gottfried Seume und so viele andere. Diese Gattung ist sicherlich auch heute nicht ausgestorben, aber sie hat es noch viel schwerer. Die Verdichtung und Verdickung des Fachwissens ist bildungsfeindlich, und dabei gibt es jetzt praktisch schon kein Wissen, das nicht das Kainsmal höchster Fachlichkeit -- *state of the art* -- auf der Stirn trüge.

Ich glaube es wirklich, daß die Ausbreitung der in zahlreichen Fächern organisierten Wissenschaften, besonders der Naturwissenschaften, mit verantwortlich ist für die Barbarei der Zeit. Wenn man daran denkt, was dem *honnête homme* selbst vor fünfundsiebzig Jahren noch angeboten und zugemutet werden konnte, und es mit dem jetzigen Jammer vergleicht, wird man sich des Niederganges bewußt. Dieser erklärt auch den Einsturz der Brücke, die eine Sprache mit ihrer geistigen Vergangenheit zu verbinden pflegte. Heutzutage kann einer die kompliziertesten Gleichungen manipulieren oder einem Embryo auf künstlichste Weise heimzahlen, was seine, des Forschers, Eltern an ihm selbst versäumt haben, aber in den Stunden der Ruhe wird sich sein Geist mit »Dallas« zufriedengeben.

Wer englische, französische oder italienische Publikationen liest, wird den Eindruck gewinnen, daß dort die Entfremdung von der Tradition noch nicht so vollständig ist wie in Amerika oder Westdeutschland. (In der Deutschen Demokratischen Republik steht es damit möglicherweise etwas besser.) Die Bezeichnung »Klassiker« ist mir selbst zuwider: sie hat so etwas Mündelsicheres, Anlagebewußtes; jedes Mal, wenn man einen Klassiker liest, schneidet man sich einen Kupon ab, der gegen geistige Münze einlösbar ist. Auch auf der Höhe der bürgerlichen Zeit schwankten die literarischen Börsennotierungen ein wenig: manchmal war der Markt flau für Friedrich Halm oder Emanuel Geibel, aber Theodor Storm blieb fest. Das ist alles vorbei, und ich sage nicht einmal, glücklicherweise, denn mit dem Fragwürdigen und Matten ist auch das Große versunken.

Mein Eindruck mag falsch sein, aber es scheint mir, daß die großen Dichter und Schriftsteller der Vergangenheit für die deutsche Gegenwart tot sind, nur als Namen und in den Regalen gefeiert, aber ungelesen und unwirksam. Nur in den ältesten der Alten wirkt noch eine lebendige Erinnerung. Daß es in andern Ländern -- immer mit der Ausnahme der USA -- nicht ganz so ist, schließe ich aus zahlreichen Gesprächen und aus der Lektüre von Zeitungen, Zeitschriften und Büchern. Ein Engländer wird Zitate aus, oder Anspielungen auf, Marvell oder Pope, Gibbon, Hazlitt, Charles Lamb oder Matthew Arnold verstehen und in den Kontext einordnen können, und dasselbe gilt für einen Franzosen, ob es sich nun um Malherbe oder Corneille, Pascal oder La Rochefoucauld handelt. Aber wo lebt noch im deutschen Bewußtsein ein Gryphius, Günther oder Göckingk, ein Herder oder Hamann? Woher kommt es, daß meine Ausgaben von Johann Elias Schlegel, Schubart, Hölty oder Seume aus der DDR stammen? Auf zweihundert Übersetzungen wertloser Romane kommt nicht eine Ausgabe eines bedeutenden vergessenen Schriftstellers der Vergangenheit. Keine andere Kultur hat die Brücke zur alten Zeit so endgültig gebrochen wie die deutsche. Wahrscheinlich mußte das so sein nach so vielen Amokjahren.

Mit den Schriften geht die Sprache, mit der Sprache der Geist und die Erinnerung. Es ist jedoch möglich, daß die einzige große Kunst, deren Tradition noch lebendig sein könnte, hätte die Misere nicht die ganze Welt erfaßt, die Musik ist. Eine lebendige Kultur versteht Anspielungen, sie oszilliert zwischen Vergangenheit und Zukunft. Sie ist ein Glied in einer endlosen Kette. Diese Kette ist gebrochen. Damit die Enden wieder ineinanderfinden, muß viel geschehen, insbesondere das, was ich in meinem *Feuer des Heraklit* in den folgenden Worten ausgedrückt habe: »Der Mord an meiner Mutter und an meiner Muttersprache gehören zusammen: sie zerfielen in der gleichen Asche. Sprache jedoch kann wieder auferstehen, und sie wird es zweifellos tun, wenn das metaphysische Blut, das alle wachsenden Fasern der Sprache befleckt und lähmt, gebleicht ist. Nur mit Hilfe großer Schriftsteller kann diese Läuterung, diese Wiedergeburt erfolgen.« Bis dahin, fürchte ich, wird es noch lange dauern.

Abscheu vor der Weltgeschichte

I

Meine Mutter, die seit über zwanzig Jahren in Wien eine Wohnung im dritten Bezirk, in der Wassergasse, bewohnt hatte, wurde im Jahre 1942 daraus vertrieben und in eine Art von Sammellager in der Leopoldtstadt gebracht. Im April 1943 wurde sie aus Wien nach Polen deportiert und dort ist ihr Name, vergiftet und verbrannt, verschwunden. Sie war 65 Jahre alt geworden. Ich habe viel über ihren Tod nachgedacht. Tod ist sinnlos, und Nachdenken hilft nicht viel. Dennoch habe ich mich oft gefragt, ob ich meine Mutter als ein Opfer der Weltgeschichte betrachten soll.

Jetzt hat es sich aber herausgestellt, daß sie kein Opfer war, sondern eine Kriegsgefangene. In normaleren Zeiten wurden Kriegsgefangene zwar nicht ohne weiteres getötet, aber damals war die Zeit eben besonders schwer. Die Kunde von dem veränderten Status meiner übrigens fast blinden Mutter ist nur indirekt zu mir gedrungen, denn ich lebe weit weg, in New York, wo die Äußerungen deutscher Historiker nur selten abgedruckt werden. Was ich also in Erfahrung gebracht habe, ist, daß ein bekannter deutscher Geschichtsprofessor -- ich habe seinen Namen vergessen -- entdeckt hat, Chaim Weizmann habe im Jahre 1938 oder 1939 dem deutschen Volk im Namen der Juden den Krieg erklärt. Meine Mutter, die Weizmanns Namen sicher nie gehört hatte, war demnach mit Recht getötet worden: mitgefangen, miterstickt.

Ich kann nicht leugnen, daß das gewissermaßen ein Trost ist, wahrhaft eine »Sinngebung des Sinnlosen«.* Es fällt mir allerdings schwer, das Bild meiner Mutter, wie sie vor mir steht, als das einer Kriegsgefangenen zu betrachten. Wie ich sie kannte, war sie nur zu friedlich und ging auf schwachen Füßen.

Gram beiseite, aber was sind das für Manieren? Es ist wahr, schon seit dem Beginn des vorigen Jahrhunderts waren die deutschen Professoren etwas Eigenartiges, dem man besser aus dem Wege ging. Immer hielten sie irgendwie Reden an die deutsche Nation, anstatt sich mit der deutschen Sprache zu befreunden, der einzigen wirklichen Grundlage jener Nation. Natürlich gab es Ausnahmen: die Brüder Humboldt und Grimm, Gervinus, Ranke, und noch einige anderen. Aber haben Historiker anderer Länder den Mund so weit aufgerissen wie Treitschke, trugen Philosophen anderer Völker den Unfehlbarkeitsstempel des Weltgeistes so unauslöschlich auf der Stirn wie Hegel? Es muß eine Zeit gewesen sein, in der es in Deutschland mehr Rattenfänger gab als Ratten. Erst in den dreißiger Jahren unseres Jahrhunderts ging es zu Ende mit dieser lächerlichen Vergötterung, und sogar jetzt noch sind Spuren des Lorbeerkranzes auf manchen unberechtigten Stirnen zu sehen, um so lorbeerischer, je weniger verdient.

Es ist natürlich möglich, daß ich falsch informiert bin über die Behauptung von der Weizmannschen Kriegserklärung** und über den Versuch, diese als eine Entschuldigung für die unsäglichen Schandtaten an Juden, Zigeunern, Kommunisten, Homosexuellen und Schwachsinnigen anzuführen. Von

---

* Theodor Lessing, von dem, glaube ich, diese schöne Bezeichnung stammt, war allerdings schon lange vor der »jüdischen Kriegserklärung« umgebracht worden.

** Ich kann mir übrigens nicht vorstellen, daß Dr. Weizmann, ein sehr vernünftiger Mann, den ich persönlich gekannt habe, eine so dumme Kriegserklärung wirklich ausgesprochen hat.

Kriegserklärungen der Zigeuner, Homosexuellen und Geistesgestörten an das Deutsche Reich habe ich übrigens nichts gehört. Sollte meine Information wirklich unrichtig sein, so muß ich den Professor um Entschuldigung und den Leser dieser Zeilen um die Freundlichkeit bitten, den gegenwärtigen Text bloß als ein *divertimento con variazioni* anzusehen.

II

Was ist also ein großer Historiker? Einleitend muß ich bemerken, daß mein im Titel dieses Aufsatzes ausgedrückter Abscheu vor der Weltgeschichte sich nicht auf diejenigen erstreckt, die sie beschreiben. Es gibt viele Geschichtsschreiber, die ich wirklich verehre und immer wieder gerne lese. Nun hat sich die Historie schon immer, auch in den frühen Zeiten, dadurch von den meisten andern Wissenschaften unterschieden, daß ihre großen Werke sich an ein viel weiteres Publikum wendeten als nur an diejenigen, die man jetzt Fachleute nennen würde. Tatsächlich ist es die immer enger und dichter werdende Fachlichkeit, die das Zustandekommen bedeutender Schriften erschwert. Diese Wirkung des Spezialistengewimmels ist allerdings nicht nur für die Geisteswissenschaften zum Problem geworden; sie hat die Naturwissenschaften vielleicht noch mehr deformiert; wie wenn in einer vorher allgemein zugänglichen Gegend zahlreiche Zollschranken errichtet würden, an jeder zweiten Ecke eine neue Maut.

Große Historiker schreiben Bücher, die nicht nur studiert, sondern auch gelesen werden.* Ihre Werke gehören zum lite-

* Lord Acton ist vielleicht eine Ausnahme. Er hat große Bücher geplant, jedoch nicht geschrieben; wohl aber eine Reihe von Essays und Abhandlungen, die seinen großen Ruf rechtfertigen.

rarischen Vermächtnis ihrer Sprachen und Völker. Ob es nun Thukydides ist oder Xenophon; Livius, Sallust oder Tacitus; Commynes, Bossuet oder Michelet, Guicciardini oder Machiavelli; Clarendon, Hume oder Macaulay: jeder, in seiner Art, ein großer Prosaschriftsteller und daher -- ein »daher«, das gewiß Widerspruch erregen wird -- ein bedeutender Historiker. Sie alle schrieben über ihre Stadt, ihr Land, ihr Volk, und waren darauf bedacht, ein Bild davon zu geben, das ihrer eigenen Seele und ihrer eigenen Epoche entsprach. Andere mir noch näher Stehende schrieben über viele Dinge, nahe und ferne: Herodot oder Voltaire; Gibbon, Carlyle oder Burckhardt; Mommsen oder Ranke. Die Liste ist gewiß dilettantisch und lückenhaft, denn ich kann nur aus eigener Bekanntschaft urteilen. Auch erwähne ich nicht so ausgezeichnete und voneinander so verschiedene Geschichtsschreiber des gegenwärtigen Jahrhunderts wie Huizinga und Braudel.

Daß es in unserer Zeit fast unmöglich geworden ist, ein großes Irgendetwas -- also auch, sagen wir, ein großer Historiker -- zu sein, erscheint mir zweifellos. Die Estrade ist so übervoll von Pseudoberühmtheiten -- zusammengehalten vom Speichel der geldgewaltigen Stiftungen, zusammengeklebt vom Leim der riesigen Publizitätsmaschinen --, daß das Auftreten und Erkennen eines wirklich großen Schöpfers, sei es auf welchem Gebiet immer, undenkbar geworden ist. Ich, für mein Teil, könnte ihn nur daran erkennen, daß ich ihn nicht erkenne.

Jedenfalls habe ich den Eindruck, daß im 19. Jahrhundert die deutschen Professoren, insbesondere die Historiker und Philosophen, sich von ihren Berufsgenossen in anderen Ländern dadurch unterschieden, daß sie gleichsam als das Gewissen der Nation auftraten. Anderen Völkern wäre diese Art von Gewissensprothese lächerlich erschienen; die Studenten selbst hätten es abgelehnt, sich von ihren Professoren vordenken zu lassen. Die Länder -- Frankreich, England und in mancher Beziehung sogar Österreich -- hatten Gesellschaftsformen entwickelt, die es der Bevölkerung möglich machten, über relativ weite Räume ohne seelische Leithammel auszukommen. Das Denken war eine Privatsache, sei es des Aristokraten, sei es des Bürgers; ein Privileg, von dem viel mehr Gebrauch gemacht wurde als im so vielfach gespaltenen und unterteilten Deutschland des vorigen Jahrhunderts. Aus Gründen, die ein Nichtdeutscher wie ich vielleicht nicht erkennen kann, sind die Deutschen viel autoritätsgläubiger als andere Völker, denen Bonzen eher komisch vorkommen.* In Bismarcks so undauerhaft zusammengeflicktem Reich wurde die Ehrfurcht vor der Behörde und die Kriecherei vor den behördlich anerkannten Denkspezialisten noch größer. Ich denke nicht, daß Heinrich Manns *Der Untertan* in einem andern Land hätte geschrieben werden können. So scheint denn auch Deutschland das einzige größere Land zu sein, das nie eine Revolution aus eigenem zu Ende geführt hat. Die Bevölkerung zog es vor zuzusehen, wie andere den Mist für sie ausräumten.

* In seiner Verehrung des Fachmanns, der es meistens nicht ist, bildet das gegenwärtige Amerika eine weitere Ausnahme. Auch die einstmals so witzigen Franzosen zeigen bedrohliche Verfallserscheinungen in ihrem plötzlich erwachten Respekt vor schneidigen Technokraten. Die Fachlichkeit ist der Erzfeind des Witzes. Je geistreicher ein Volk, desto jäher sein Fall in die Humorlosigkeit. Humor bedarf einer kräftigen Dosis von Schlamperei; und nichts bekämpft der Fachmann mit mehr Inbrunst.

III

Vergangenheitsbewältigung ist ein dummes Wort. Ihre Bewältigung, wenn es so etwas gibt, hat die Vergangenheit immer in eigene Regie übernommen. Schuld gibt es wahrhaft genug auf der Welt, von der nicht allgemein anerkannten Erbsünde ganz abgesehen. Das eine oder andere Kainsmal tragen wir alle. Aber was sind das für Menschen, die ihre Absolution von der Hand eines Geschichtsprofessors zu empfangen bereit sind? Entsühnung durch Fachwissen gehört wohl zum Lächerlichsten auf der Welt. Die auf Historikertagungen ausgesprochene Sündenvergebung ist in den Wind gespendet; in denselben Wind, der die auf die Zuweisung in den Gasofen wartenden, frierenden Jammerfiguren noch mehr zittern machte.

Trost, so hinterhältig gespendet, ist Schaumgold: für manche Alten, die ihn vielleicht brauchen könnten, kommt er zu spät; die vielfältigen Verdrängungsprozeduren haben schon vorher ihr Werk getan. Die Jungen sind für die vergangene Geschichte so wenig verantwortlich wie die Kinder, die im nächsten Jahr zur Welt kommen werden. Die von manchen Geschichtsschreibern jetzt praktizierte Sinngebung ist ein fadenscheiniger Trick, und es wird die Aufgabe der Jungen sein, nicht darauf hereinzufallen.

Eine andere jetzt beliebte Methode zwecks Desodorierung der Vergangenheit ist nicht weniger schäbig. Sie besteht darin, daß man den spezifischen Modergeruch tilgt, indem man ihn allgemein macht. Riesenzerstäuber werden aufgefahren, mit deren Hilfe Wolken von Gestank über die Geschichte aller Völker verbreitet werden. Da die Weltgeschichte leider sehr viel zu bieten hat, stehen zahlreiche Desodorantien zur Verfügung: von Dschingis-Khan, den Templern, den Albigensern bis zu den britischen Konzentrationslagern im Burenkrieg. Am beliebtesten ist der russische Gulag, aber auch die Massakrierung der Armenier durch die Türken erweckt kollegiales Schmunzeln. Das ist natürlich eine besonders dumme Art von Absolution, denn sie lädt zu manchen Platitüden ein, zum Beispiel, *si duo faciunt idem, non est idem.* Dabei wird es sich nämlich wahrscheinlich herausstellen, daß das in der Hitlerzeit vor sich gegangene *idem* doch etwas völlig Einzigartiges war. Ich will sogar zu Ehren der jetzt Lebenden annehmen, daß diese Eigenartigkeit den meisten einleuchtet. Daß manche deutsche Historiker nicht dazugehören, kommt eben daher, daß sie das Gewissen der Nation sind. Das Gewissen ist aber immer ein zartes Pflänzchen, und im Gegensatz zu anderen Vegetabilien fühlt es sich am wohlsten im Vakuum der Abstraktion.

IV

Wenn es die Aufgabe des Historikers ist, die Geschichte zu vereinfachen, so ist das Bedürfnis nach sofortiger Absolution nicht unerklärlich. Das Gedächtnis der Völker besitzt nur einen beschränkten Lagerraum für nationale Schandtaten. Dieser muß in kurzen Abständen gesäubert werden, um Platz zu schaffen für neue Scheußlichkeiten. Wenn der Gegenwartshistoriker derart als nationaler Kanalräumer auftritt, so mag man ihm eine psychohygienische Funktion nicht absprechen.

Das Mißbehagen der Deutschen, soweit es in meine Ferne gedrungen ist, scheint sich in zweierlei Beschwerden auszudrücken: durch die Jahre zwischen 1933 und 1945 sei ein Bruch in der deutschen Geschichte entstanden, und den Deutschen sei, im Gegensatz zu andern Völkern, das Gefühl für nationale Identität abhanden gekommen.

Ich habe weder das Recht noch die Absicht, ein eventuell

vorhandenes schlechtes Gewissen durch gutes Zureden zu erleichtern, aber über den angeblichen Bruch in der Geschichte würde ich mir keine großen Sorgen machen. Dies aus zwei Gründen: erstens ist die deutsche Geschichte auch sonst nicht so schön und harmonisch verlaufen, wenn sie auch nur dieses Mal Anlaß zum größten Pogrom der Weltgeschichte geboten hat. Und zweitens: ebenso wenig wie man Fieberkurven nach ästhetischen Regeln beurteilen darf – – die Pathologie besiegt jeglichen Schönheitssinn – –, kann man das mit dem Fluß der Geschichte tun. Der Saft des Fortschrittglaubens muß aus sehr widerspenstigen und trockenen Daten herausgepreßt werden, denn dem unvoreingenommenen Betrachter erscheint alle Historie als voll von Brüchen. Ohne ideologische Anhaltspunkte kann man nicht unterscheiden, wann es hinaufgeht und wann hinunter. Fakten sind Fakten, und der Grund des Geschehens liegt in seinem Geschehen. Die Geschichtsschreiber lieben jedoch klare Linien, die sie mit Hilfe von Erklärungen noch mehr glätten. Dabei scheint es eine Art von Ungewißheitsprinzip zu geben: *die Erklärung selbst verändert das Faktum.*

Wenn dem so ist, muß man sich fragen, ob es überhaupt möglich ist, irgendetwas so zu schildern, »wie es eigentlich gewesen«. Man kann sich sogar fragen, ob das wünschenswert sei. Die Geschichte ist beileibe nicht die einzige Wissenschaft, die auf ihrer Suche nach Wahrheit hat Kompromisse schließen müssen. Die Naturwissenschaften sind ohne Unterlaß damit beschäftigt, Wahrheiten zu entdecken, und sie betrachten diese als Komparative gegenüber dem vorherigen Stand. Aber gibt es eine Steigerungsstufe des Eigenschaftswortes »wahr«, oder ist jene die Negation des Adjektivs? Dieser Einwand gilt noch viel mehr für die Historie. So glaube ich nicht, daß man jemals die Wahrheit über, sagen wir, das Hitlerreich entdecken wird; man müßte in einigen Jahrhunderten wiederkommen, um zu sehen, ob es da überhaupt einen Bruch gegeben hat. Vierzig Jahre reichen nicht aus. Nach jener langen Zeit, nach ein paar hundert Jahren, wird es sich vielleicht zeigen, daß die Hitlerzeit sich nahtlos in die deutsche Geschichte einfügt. Der Respekt vor dem Seienden muß auch das Gewesene einschließen, und ich würde nicht einmal sagen, daß jedes Volk die Geschichte hat, die es verdient. Das, was man gemeinhin Weltgeschichte nennt, erscheint mir, wie schon der Titel dieses Aufsatzes ausdrückt, überall und gleicherweise als abscheulich.

V

Was nun die Klage über das verschwundene Gefühl für nationale Identität betrifft, so weiß ich nicht, ob die Beschwerdeführer damit etwa den fehlenden Patriotismus meinen oder das Erschlaffen dessen, was man aufbluboisch Verwurzelung nennen könnte. Mir ist zeit meines Lebens beides abgegangen, aber beklagt habe ich nur das Fehlen der letzteren.* Nichts auf der Welt ist eingewurzelter als ein Baum, aber patriotisch kann man ihn nicht nennen; es sei denn, daß man das gleichsam instinktive Gefühl, man könne hier, aber nicht dort Wurzeln fassen, als Patriotismus bezeichnet. Nun waren die Deutschen immer besonders anpassungsfähige Auswanderer, geschickt, in kurzem jegliche Couleur von Patriotismus anzunehmen. Aus meiner Zeitungslektüre gewinne ich sogar den Eindruck, daß die Begeisterung für die Schutzmacht Amerika nirgendwo so groß und aufrichtig ist wie in der Bundesrepublik, so daß man sagen könnte, die echten amerikani-

* In einem meiner Bücher, *Das Feuer des Heraklit,* habe ich dieser Frage ein Kapitel, »Kreis ohne Mittelpunkt«, gewidmet.

schen Patrioten leben jetzt in Deutschland. Es ist vielleicht so, daß die Amerikahörigkeit proportional ist der Menge von Vergangenheit, die einer zu bewältigen hat.

Die Klage über das Verschwinden des Gefühls für nationale Identität ist nicht unberechtigt und dieser Schwund selbst nicht unverständlich, nur müßte man sich zuerst fragen, worauf diese Identität beruht. Sie hat meiner Meinung nach wenig zu tun mit Patriotismus, gar nicht zu reden von Chauvinismus; noch auch glaube ich, daß sie durch die Spaltung Deutschlands in zwei ungleiche Teile in Mitleidenschaft gezogen worden ist. Bei solchen Wörtern wie nationale Identität oder Patriotismus könnte man sich sogar fragen, ob sie erst dann auftauchen, wenn der von ihnen bezeichnete Begriff zu schwinden beginnt. Wer ältere Schriften liest, aus der Duodezepoche, wo es überhaupt kein Deutschland gab, wird sehen, daß die nationale Identität des einzelnen wenig mit Politik und Staatswesen zu tun hatte, sondern auf dem einzigen wahren Fundament beruhte, der Sprache. Gryphius und Grimmelshausen, Brockes und Günther, Schubart und Möser waren Deutsche, denn sie schrieben auf deutsch. (So ein Buchtitel wie Mösers *Patriotische Phantasien* nimmt allerdings schon das trübere, hysterischere Nationalgefühl der Romantik vorweg.)

Wenn demnach die Beschwerde über den Identitätsschwund zu Recht besteht, kann ich ihn nur als ein Anzeichen dafür deuten, daß die deutsche Sprache schwer krank ist. Das kann nicht mit der Abnahme ihrer Weltgeltung zusammenhängen, denn ich glaube nicht, daß zum Beispiel die Franzosen den Verlust ihrer Identität zu beklagen brauchen, obwohl es mit ihrer Sprache nicht viel anders zugeht als mit der deutschen. Einen Grund für diesen Unterschied würde ich in der verschiedenen Haltung sehen, die einzelne Völker gegenüber ihren Sprachen einnehmen. Seit dem Ende der Goethezeit hat es in dieser Hinsicht in Deutschland schlecht ausgesehen. Die Verkommenheit der Sprache begann gleichzeitig mit dem Überhandnehmen politischer Tageszeitungen, dem leeren Wortschwall der Politikerreden und dem Anwachsen der Reklame. Auch das Aufkommen des Fachmannes und der dazugehörenden Fachliteratur trug zu der Aushöhlung der Sprache bei. Der Protest Schopenhauers, dieses späten Erben der Goethezeit, gegen die Sprachverhunzung blieb, denke ich, wirkungslos. Auch daß es noch große Prosaschriftsteller gab -- Stifter, Keller, Fontane, Kürnberger -- half nicht viel. Als das Naziregime kam, fand es, was es brauchte: eine ihres Marks beraubte geistlose Scheinsprache. Seltsamerweise scheint sich damals niemand über das fehlende Gefühl für nationale Identität beschwert zu haben; vielleicht weil ihm der Kopf abgehaut worden wäre, hätte er es getan.

Ist die Sprache so schlecht, weil die Menschen es sind; oder sind die Menschen so verkommen, weil die Sprache verfallen ist? Die meisten werden wahrscheinlich beide Alternativen ablehnen. Dennoch würde ich sagen, daß so ein Buch wie *Mein Kampf* nur in der Sprache geschrieben werden konnte, in der es vorliegt. So schrieb und dachte damals ein Autodidakt aus der österreichischen Provinz; übrigens ein Beweis, daß die Sprachfäulnis nicht auf das eigentliche Deutsche Reich beschränkt war. Und nur in solcher Sprache konnte ein solches Buch geschrieben werden. Daß ungefähr zur gleichen Zeit, als dieses Buch entstand, Robert Walser seine letzten kleinen Sprachwunder schuf und ein Kraus, ein Kafka, ein Musil vergebens an der Rettung der Sprache arbeiteten, mag als ein Zeugnis dafür gelten, wie bunt unsere jetzt so graue Welt damals noch war.

Was wollen sie also eigentlich, diese Beschwerdeführer? Sie besitzen einen bundesdeutschen Paß, sie sprechen und schreiben bundesdeutsch, ihre Währung kann sich sehen lassen, und sie haben keinen Präsidenten Reagan. Niemand beabsichtigt, ihnen ihre bundesdeutsche Identität streitig zu machen. Sollte das Mißbehagen von der Vorsilbe »bundes-« kommen? Ist Barbarossas Bart wieder um einige Zentimeter gewachsen? Wie oft soll man einen in allen Richtungen ahnungslosen alten Mann nach Bitburg schleppen? Hat es einen Sinn, mit einem bloß allegorischen Fuß auf den Boden zu stampfen? Hat es einen Sinn für ein Volk, sich über seine Geschichte zu beschweren?

VI

Das hat um so weniger Sinn, als die bundesdeutschen Historiker gerade im Begriffe zu sein scheinen, eine neue Geschichte zu fabrizieren. Es wird interessant sein zu sehen, wie das gemacht wird, und ob die deutsche Sprache und die wirklich bedeutenden Leistungen einzelner Deutschen in der Musik, der Dichtung, den bildenden Künsten, den Wissenschaften usw. darin die Rolle spielen, die ihnen zukommt; oder, und ebenso wichtig, ob das Leben der kleinen Leute darin den Ausdruck finden wird, der den Historikern der *Annales*-Gruppe in Frankreich geglückt ist. Ich kann nicht sagen, daß ich glaube, das werde der Fall sein. Viel eher wird es eine Neuauflage einer Art von Dolchstoßlegende sein, denn die deutsche Geschichtsschreibung war immer eine Meisterin des Alibis. Keine andere Geschichte, so scheint es mir, protzt so sehr mit verpaßten Gelegenheiten, von anderen verpaßt, mit versäumten Einigungen, von anderen versäumt. Die Deutschen haben es anscheinend gern, in ihrer Geschichte als Leidende, als Opfer aufzutreten, in dieser

Beziehung den von ihnen so sehr verfolgten Juden nicht unähnlich.

Wenn man in der deutschen Geschichte liest, wird man vielleicht mit Erstaunen bemerken, wie oft es vorkommt, daß ein deutscher Stamm sich über die Infamie eines anderen zu beschweren hat. Man liest von Bayern und Sachsen, Schwaben, Hessen und Preußen, und man mag zu dem Schluß kommen, daß es vor 1871 keine deutsche Geschichte gegeben hat. Deutschland war so etwas wie das gegenwärtige Afrika, ein geographischer Begriff, worin die von den Eroberern gezogenen Grenzen mit denen der Stämme oft nicht übereinstimmten.

Dennoch gab es die deutsche Sprache, die, zumindest seit Luthers Bibelübersetzung, über allen Mundarten schwebte. Die landschaftlichen Dialekte spielten allerdings im Deutschen eine große Rolle, vielleicht eine größere als in anderen europäischen Sprachen. Sie waren mehr als irgendetwas anderes das Werkzeug der Verwurzelung; sie verliehen den Sprechern einen Rückhalt, wie es die Schriftsprache nicht vermag; und sie speisten diese mit immer neuen und unabgegriffenen Wörtern und Begriffen. Diese Funktion ist wahrscheinlich mit dem Aufkommen von Rundfunk und Fernsehen zu Ende gegangen. Trotzdem würde ich sagen, daß die Sprache es ist, die als der hauptsächliche Faktor in der Bestimmung der nationalen Identität betrachtet werden muß. Diese erschlafft mit dem Siechtum der Sprache.

Die lebendige Sprache ist es auch, welche die Verbindung zur Tradition aufrechterhält. Ich glaube nicht, daß es ein anderes großes Volk gibt, dem die Tradition so sehr verloren gegangen ist wie dem deutschen; und was die Historiker eben jetzt zusammenflicken wollen, mag als ein Traditionsersatz betrachtet werden. Der Verlust der Tradition, über den ich bereits im vorhergehenden Kapitel gesprochen habe, ist, denke ich, auch der Grund für die Entfremdung. Die Menschen, verlassen in einer Welt ödester Massenmedien, sind gleichsam abgeschnitten davon, was ihre einstmalige Sprache an großen Werken hervorgebracht hat. Nehmen wir als Beispiel das 17. Jahrhundert. Ein Engländer hat nicht die geringste Schwierigkeit, sich Zugang zu verschaffen zu den Schriften eines Francis Bacon, John Donne, John Milton, Andrew Marvell, John Dryden usw.; ein Franzose findet in vielen Ausgaben die Werke von Corneille, Molière und Racine, die Briefe der Marquise de Sévigné, die Memoiren des Kardinals de Retz, die Schriften von Descartes, Pascal, La Rochefoucauld, La Bruyère, Malebranche oder Fénélon. Aber in Deutschland, vielleicht mit Ausnahme des *Simplicissimus:* was ist von der großartigen Barocklyrik zugänglich, von Johann Beers Romanen oder Gryphius' und Lohensteins Dramen? Dabei sind sie ein weit wichtigerer Teil der deutschen Geschichte als die plündernden Generäle, die durch verwüstete Länder zogen.

Auch in solchen Dingen wird die furchtbare Blutscheide der nationalsozialistischen Zeit noch lange fortwirken. Sie hat eine Abkopplung des zivilisierten Teils der deutschen Nation von der europäischen Kultur bewirkt, indem sie diese durch ein chauvinistisches »Voodoo« ersetzte, das rauschgiftartig Herz und Geist verhexte. Was jene traurigen dreizehn Jahre bewiesen, war die Dünnheit des Furniers, das selbst zivilisierte Völker vor dem Aufkochen des allgemeinen blinden Hasses bewahrt. Allerdings weiß ich keine Antwort auf die Frage, die ich mir oft gestellt habe, ob bei andern Völkern dieser Schutzbelag stärker ist. Als Rivarol die Warnung aussprach »Malheur à ceux qui remuent le fond d'une nation!«, dachte er an die Französische Revolution. Auch auf eine andere Frage weiß ich keine Antwort, nämlich, ob im Falle Deutschlands die schützende Membrane wieder nachgewachsen ist. Da ich in sozialen und politischen Fragen ein Lamarckist bin und die Vererblichkeit erworbener Eigenschaften -- also zum Beispiel der Anfälligkeit für blutrünstige Wildheit -- für möglich halte, ist mein Optimismus stark skeptisch gefärbt.

VII

Im dritten Kapitel seiner *History of the Decline and Fall of the Roman Empire* schreibt Edward Gibbon, mein Favorit unter den Geschichtsschreibern:

> History ... is, indeed, little more than the register of the crimes, follies, and misfortunes of mankind.

Daß die Geschichte nur das Verzeichnis der Verbrechen, Narrheiten und Mißgeschicke der Menschheit sei, war also der Schluß, zu dem einer der größten Historiker gekommen ist. Dabei war Gibbon nicht ein Schriftsteller, der sich auf Kaiser, Schlachten, Greuel beschränkte. In seinem Buch nehmen philosophische und religiöse Strömungen viel Platz ein, wenn auch der Verdacht besteht, daß diese einem Geist der Aufklärungszeit als Narrheiten erschienen. Die Bedeutung von Byzanz, als einem gleichsam notwendigen Schlußpunkt einer Geschichtsepoche, konnte selbst dieser große Historiker nicht richtig einschätzen. Unsere Zeit, die mich in ihrem westlichen Wurmfortsatz so sehr an das späte Byzanz erinnert, ist da vielleicht hellhöriger.

Übrigens hat ein andrer großer Historiker derselben Epoche -- die Fachleute sprechen ihm jetzt den Historikertitel ab -- also Voltaire, in Briefen und Novellen ähnliches gesagt. So in *L'Ingénu* (10. Kap.):

> L'histoire n'est que le tableau des crimes et des malheurs.

Gibbon und Voltaire waren nicht die einzigen, die aus ihrem Lesen und Denken über die Geschichte diese traurige Folgerung gezogen haben. Aus vielen historischen Schriften ertönt der Ausruf *vanitas, vanitatum vanitas!* Nicht minder oft kann man allerdings bei den Historikern lesen, daß sie ihre Berichte verfassen wollen »ohne Zorn und Eifer«, daß sie zu schildern beabsichtigen, »wie es eigentlich gewesen«. Beides ist natürlich gleicherweise unmöglich. Ohne Zorn und Eifer kann man vielleicht kegeln, obwohl ich auch das bezweifle. Und was die zweite Absicht betrifft, wie kann man sie ausführen, solang es sich bei diesem geheimnisvollen »es«, diesem Subjekt, das alles sein kann oder nichts, um Menschen handelt? Wir alle wissen aus eigener Erfahrung, daß die Verfälschung eines Vorgangs fast gleichzeitig mit dem Vorgang selbst beginnt. Was die Geschichte schildert, ist ein aus Myriaden von Einzelvorgängen abgeleiteter, gleichsam statistischer Schluß. Er mag auf alle zutreffen, aber in Wirklichkeit auf niemand einzelnen. Der Leser aber, dem die Masse als aus vielen einzelnen zusammengesetzt erscheint, wird die Statistik zum Teufel wünschen und *die* Geschichte eben nur als *eine* Geschichte betrachten.

Jedenfalls sind wir alle – – so schwer man es glauben kann, wenn man aus der Nähe zusieht – – Bestandteile der Weltgeschichte; wir alle, wie wir jetzt leben oder vegetieren, Präsident Reagan so gut wie ich. Mit den Jahrhunderten verschwindet der Größenunterschied, und am Ende bleibt ein Gewirr von verwehten Schicksalen, woraus der Geschichtsschreiber, je nach Mode und Vorliebe, die eine oder andere Faser hervorhebt. Ist also die geschriebene Geschichte der Welt, des Landes, der Nation wirklich nur eine Fiktion, darin bloß die Namen und die Daten auf eine abgelebte Wirklichkeit hinweisen? Wobei es klar sein muß, daß, was den Menschen einer Epoche als Wirklichkeit vorkam, denen einer anderen als Hirngespinst erscheinen kann. Ewig dreht sich das Wasserrad, bis einmal auch das Wasser wegbleibt.

Ein solcher skeptischer Nihilismus ist aber gewiß nicht die allgemeine Anschauung. Soeben lese ich in einer Buchbesprechung von Joseph Brodsky (The Times Literary Supplement, 30. 1. 1987, S. 99): »... a degree of familiarity with history, which, in the absence of ecclesiastical teaching, is our only available source for an ethical education.«* Da es uns an Theologie fehle, so wird demnach gesagt, sei die Historie unsere einzige verfügbare Quelle einer ethischen Erziehung. Ich würde zwar dem Adepten der Ethik eine andere Lektüre anraten als die von der Weltgeschichte gebotene. Nimmt man jedoch an, daß jegliche Ethik mit dem Abscheu vor dem Abscheulichen anfangen muß -- eher sollte sie damit enden --, so mag Herrn Brodskys pädagogisches Impromptu hingehen, obwohl es schwerfällt, sich für Anschauungsunterricht und Programmusik besonders zu erwärmen.

VIII

In Jacob Burckhardts *Weltgeschichtlichen Betrachtungen* beginnt der Abschnitt über die historische Größe mit den folgenden Worten:

> Unsere Betrachtung der dauernden Einwirkungen der Weltpotenzen aufeinander ... schließt mit derjenigen

* Obwohl die englische Sprache den Verfasser, vor nicht allzulanger Zeit aus Rußland verpflanzt, noch ein bißchen umschlottert, nehme ich an, daß der mit »which« eingeleitete Nebensatz sich auf »history« und nicht auf »familiarity with history« bezieht, in welch letzterem Falle das Relativpronomen »that« angebracht gewesen wäre.

der in einzelnen Individuen konzentrierten Weltbewegung: wir haben es nun also mit den großen Männern zu tun.

Dabei sind wir uns der Fraglichkeit des Begriffes Größe wohl bewußt; notwendig müssen wir auf alles Systematisch-Wissenschaftliche verzichten.

Unsern Ausgang nehmen wir von unserm Knirpstum, unserer Zerfahrenheit und Zerstreuung. Größe ist, was *wir nicht* sind. Dem Käfer im Grase kann schon eine Haselnußstaude (falls er davon Notiz nimmt) sehr groß erscheinen, weil er eben nur ein Käfer ist.

Was Burckhardt, dieser seltene Mann, nicht hinzufügt, ist, daß es jetzt anscheinend hauptsächlich Käfer sind, die sich mit der Schilderung der Haselnußstauden befassen. Dabei preisen sie besonders das Zweiglein, worauf sie sitzen; es sei das edelste aller Zweiglein, unerläßlich für eine bruchlose Betrachtung der Käfergeschichte. Jacob Burckhardt war einer der seltenen Großen, die ihre Größe klein tragen. Redlich und nüchtern enthüllte er die Wahrheit, wie sie ihm erschien, eine neue Art von Geschichte schaffend, die Kulturgeschichte. Diese scheint mir viel eher geeignet, zu der früher erwähnten ethischen Erziehung beizutragen, als all die politischen und diplomatischen Dynastie- und Kriegsgeschichten, wie sie von den historischen Giganten der Vorzeit aufgetürmt worden sind. Kulturgeschichte im Sinne Burckhardts und Sozialgeschichte im Stile Fernand Braudels erscheinen mir tatsächlich als die einzigen historischen Disziplinen, aus denen der nichtspezialisierte Leser etwas zum Nachdenken beziehen kann. Auf alles übrige würde ich Gibbons früher zitiertes Verdikt anwenden.

Geschichte als Literatur ist etwas ganz anderes als Geschichte als Wissenschaft. Auf allen historischen Werken lastet bald der dicke Staub der Überholtheit, besonders in unsern fachmännischen Zeiten; aber von einem Gibbon, einem Macaulay, einem Burckhardt läßt er sich leicht wegblasen. Selbst im Falle Mommsens würde ich das nicht behaupten, und noch weniger im Falle von Burckhardts Lehrer, Leopold von Ranke.

Burckhardts Jugendbriefe aus Berlin erwähnen häufig seinen Professor, den er als Historiker viel höher schätzte denn als Menschen. In einem Brief an seine Schwester Louise vom 15. August 1840 beschreibt er den tiefen Eindruck, den Rankes Vorlesung auf ihn machte:

> ... er macht oft Witze, und zwar gute, aber wenn er von großen Momenten spricht, so lagert sich der historische Ernst deutlich, ja halb unheimlich in seine tiefgefurchten Züge. Ich entsinne mich deutlich, wie er sein Collegium über deutsche Geschichte wahrhaft imposant begann: Meine Herrn, Völker sind Gedanken Gottes!

Wenn man jetzt die Völker ansieht, mag man nicht umhinkönnen zu finden, daß Gott sich etwas besseres hätte ausdenken können. Auf der Suche nach einem pompösen Anfang hätte ich viel eher gesagt: *Sprachen* sind Gedanken Gottes. Der unsterbliche Satz, mit dem das Johannesevangelium beginnt, bietet den Anhalt.

IX

Seit ich ein Bub war, habe ich viel in Geschichtsbüchern gelesen. Eines der ersten Bücher, das ich von meinen Eltern geschenkt bekam, war Jaegers Weltgeschichte in vier Bänden. Noch immer betrauere ich den Verlust von Mertens' Illustrierter Weltgeschichte: im Jahre 1915, in der vierten Volksschulklasse in Wien, lieh ich es meinem Schulkollegen Otto Preminger; er weigerte sich es zurückzugeben, seine künftige Hollywood-Glorie um dreißig Jahre vorwegnehmend. Später habe ich gewiß bessere Bücher gelesen. Ob nun des Spartakus Männer gekreuzigt oder die Templer hingemetzelt wurden; ob der Sultan Bajezit im Käfig saß oder in Anatolien die Schädelpyramiden wuchsen; ob die Kreuzfahrer das christliche Byzanz eroberten oder das Amselfeld rot war von serbischem Blut; ob der Allerchristlichste König die Ewige Stadt plündern oder der Kaiser, ohne mit der Habsburgerlippe zu zittern, seinen Generalissimo niedermetzeln ließ; ob der Prinz Eugen oder der Herzog von Marlborough ihre blutigen Menuette inszenierten; ob Friedrich oder Napoleon, Wellington oder Moltke die Tränen der gequälten Völker in Blut verwandelten; ob die Orte Verdun hießen oder Stalingrad, Dresden oder Hiroshima; ob der Führer seine Getreuen umbringen ließ oder ein amerikanischer Präsident seine Bomber ausschickte, um einen afrikanischen Staatsmann zu töten; ob die ewigen Opfer als Armenier maskiert waren, als Kulaken oder als Juden: immer und aus allen Büchern schrie es »Mord! Mord!« und »Blut! Blut!«. Die ganze Weltgeschichte erschien mir als eine einzige Riesenskulptur aus faulendem Fleisch, aus gärendem Blut. Ersonnen von einem transzendenten Marquis de Sade lag die Geschichte vor mir wie ein Klotz aus Elend; ich konnte keine Seite umblättern, ohne daß es stank.

So bin ich wahrscheinlich zeit meines Lebens das gewesen, was die meisten Menschen, rechts und links, mit herablassender Abneigung einen Pazifisten nennen würden. Allerdings lehne ich diese Bezeichnung ab; sie klingt so, als beschriebe sie einen Spezialisten in der Technik der Kriegsablehnung. Das bin ich gewiß nicht, denn dazu gehört die Hoffnung auf den Fortschritt oder gar die Gewißheit, es werde einmal die Zeit kommen, da Adam, Eva und die

Schlange, alle drei Hand in Hand, friedlich in paradiesischen Gefilden wandeln werden. Mir fehlt die Hoffnung, geschweige denn die Gewißheit.

Ich bin also einfach ein unbedingter Feind der Weltgeschichte, denn sie erregt mir Übelkeit. Das hindert mich nicht daran, manche Historiker mit Bewunderung zu lesen; so wie ich einen Koch bewundere, dem es gelingt, eine Blutwurst so zuzubereiten, daß selbst einem Brillat-Savarin im gastronomischen Jenseits das Wasser im Munde nur so sprudelt. Es ist aber immer die gleiche Blutwurst, obwohl es darauf ankommen mag, von welcher Seite man sie betrachtet. So mag, die Wursthaut durchspähend, der eine historische Hieromant die Aufschrift »Dichter und Denker« lesen, während der andere »Meuchler und Heuchler« abliest. Die »Fakten« sind die gleichen, und häufig falsch; die Interpretation wechselt mit den Anstellungsbedingungen.

Unsere Zeit ist so beschaffen, daß ein jeder ein für allemal eine aufgezwungene oder frei gewählte Rolle spielen muß; Zettel mit entsprechender Beschriftung hängen ihnen aus dem Mund und beschreiben ihre vorhersehbare Haltung. Politiker so gut wie Soziologen, Philosophen, Historiker, Naturwissenschafter, sie alle scheinen einem unabänderlichen, öden Szenarium zu folgen. (Der Skeptiker in mir sagt, daß das wahrscheinlich auch für mich gilt.) Publikum gibt es nur wenig, am ehesten für die Geschichte, denn die spiegelt uns vor, daß wir das Produkt unserer von ihr geschilderten Vergangenheit sind.

Ich weiß nicht, wer das gesagt hat: Das einzige, was wir aus der Geschichte lernen können, ist, daß wir nichts aus ihr lernen können. Das mag richtig sein, jedoch gibt es vielleicht eine Ausnahme. Wer die Weltgeschichte richtig liest, muß den Glauben an den Fortschritt verlieren. Nur im achtzehnten Jahrhundert -- so unglaublich viel zivilisierter als unseres -- hätte man anderer Meinung sein können. Ich kann mir sehr gut vorstellen, wie Voltaire, Condillac, d'Alembert, Diderot, Lessing, Kant, Lichtenberg, Hume, Adam Smith, Gibbon, Galiani und Beccaria um einen großen runden Tisch herum sitzen und lebhaft miteinander reden, denn es gibt viel zu besprechen. (Der dreizehnte, Rousseau, ist verlegenhämisch lächelnd an der Tür stehengeblieben.) John Adams oder Thomas Jefferson hätten sich dann den Sitzungsbericht, in Schweinsleder gebunden, gewiß angeschafft und mit Interesse gelesen. Zugegeben, es war eine kleine Welt, aber es war *eine* Welt, und nur damals gab es Anlaß, die Möglichkeit einer »Erziehung des Menschengeschlechts« ins Auge zu fassen. Um so tiefer, um so fürchterlicher der Fall, der nachher erfolgte.

X

Wenn ich in diesen Tagen Berichte über die Sanierungsversuche deutscher Historiker lese, stoße ich immer wieder auf das Wort Sinnstiftung. Sinn zu stiften, wo vermutlich keiner ist, gehört zu den Aufgaben der Reklamebüros, und der Historiker als Gehirnmasseur ist wahrscheinlich nicht die edelste Facette jenes ehrwürdigen Berufes. Was eigentlich damit gemeint ist, kann ein Außenstehender schwer ergründen. Wahrscheinlich handelt es sich um eine Branche der Mythologie, zu der auch das heute ebenfalls viel mißbrauchte Wort »Wende« gehört. »Sinnstiftung« klingt nobler als »Sinngebung«, ein vom armen Theodor Lessing schon vor Jahren verwendeter Ausdruck. Seit Hölderlin vom Verbum »stiften« viel sakralen Gebrauch gemacht hat, wird es zu höheren Zwecken mißbraucht, und ich bin sicher, daß es in der Hitlerzeit von manchen aus Stefan Georges zurückhaltendem Käfig entkommenen Mystagogen unlauter verwendet wurde.

Jedenfalls gehört »stiften« zum mythologischen Balsam, der vielleicht mehr Wunden schlägt als er lindert. Gemäß dem alten Sprichwort »Glücklich ist, wer vergißt, usw.« -- die Librettisten der »Fledermaus« haben es nur ausgeborgt -- wird es der Sinnstiftung möglicherweise gelingen, das sinnlose Gemetzel von Millionen in einen alttestamentarischen Holocaust, ein dem Höchsten dargebrachtes Brand- und Dankopfer umzuwandeln, denn der mystische Schauer übertönt leicht den moralischen Schauder und fügt sich auch besser in den bürgerlichen Haushalt ein.

Seltsamerweise ist es der Volksweisheit entgangen, daß man auch im Hause des Henkers nicht vom Strick reden darf. Sinnstiftung ist nun, daß es überhaupt keinen Strick gegeben hat, sondern ein tragisches Geschick, so wie Ödipus seinen Vater Laios nach Auschwitz schicken *mußte.* Von tragischen Geschicken Befallene machen aber hervorragende historische Figuren, und so wird die jüngste deutsche Geschichte bald zu einer spannenden und zugleich rührenden Tragödie transvestiert werden, in der jeder Mitspielende den Kopf höher tragen darf, wenn er ihn nicht schon vorher verloren hat.

Ich habe nichts dagegen einzuwenden, außer daß es nicht gelingen wird. Selbst wenn dem unaufhaltsam voranrollenden Triumphwagen historischer Sinnstiftung alle Hindernisse aus dem Weg geräumt werden, bleibt noch hie und da ein Steinchen zurück, über das man stolpert. Einem solchen Steinchen bin ich vor kurzem begegnet, und zwar in der »Zeit« vom 13. Februar 1987. Dort wird über die Einstellung eines lang verschleppten Gerichtsverfahrens berichtet. Den Namen des schließlich nicht Angeklagten lasse ich weg, denn den Büchern, über denen geschrieben steht *nil inultum remanebit,* ist er ohnedies bekannt. Dort ist die Eintragung des Namens umrahmt von zwanzig kleinen Blutstropfen. Was mich bedrückt ist die Frage, was für Windungen ein Gewissen besitzen muß, um aus dem folgenden Sinn und Vergebung zu beziehen:

> Seine Verbrechen ereigneten sich an der Schule am Bullenhuser Damm vor den Toren Hamburgs. Dort hatte XX, damals SS-Obersturmführer (Oberleutnant) und Stützpunktleiter aller Außenkommandos des KZs Neuengamme, 20 jüdische Kinder erhängen lassen. Sie waren, zum Zweck medizinischer Experimente, vorher mit Tuberkuloseerregern infiziert worden. Sie wurden noch kurz vor Kriegsende ermordet, in der Nacht vom 20. zum 21. April 1945, zum »Führergeburtstag«.

Über den Wissensdurst

I

Gibt es ihn eigentlich, diesen Wissensdurst, als eine der hervorstechenden Eigenschaften des Menschen? Mütter und Väter, deren wachsende Kinder sie mit Fragen geradezu überschütten, werden geneigt sein zu sagen: Ja, es gibt ihn. Vorsicht scheint allerdings geboten: die Sprache verfügt über mehrere Wörter, die, ohne geradezu synonym zu sein, einander berühren. Ich denke an solche Wörter wie Neugier, Wißbegier, Wissensdurst, Wissensdrang oder, wenn man fein sein will, auch an den faustischen Drang. Dieser ist dem Dreijährigen sicherlich fremd, aber zwischen den anderen Trieben zu unterscheiden, fällt mir schwer.

Neugier wird von der Volksweisheit nicht als eine besonders bewundernswerte Eigenschaft betrachtet. Das amerikanische Sprichwort *Curiosity killed the cat* muß von einer Katze mit schlimmen Erfahrungen geprägt worden sein oder vielleicht eher von ihren Hinterbliebenen. Aber auch sonst wird den Leuten, die ihre Nasen in alles hineinstecken, was sie nichts angeht, wenig Weihrauch gespendet. Nun hat der sich entwickelnde menschliche Geist einen wahren *horror vacui*, und ob es Neugier oder Wißbegier ist, was ihn antreibt, er muß sich mit Belehrungen aller Arten anfüllen, gleichgültig woher sie kommen und wie nützlich sie für ihn sind. Da die Welt, solange Menschenhand sie nicht berührt, vernünftig eingerichtet ist, kann das, was im kindlichen Geist hängen bleibt, von ihm auch verarbeitet werden. Es ist klar, daß dieses Wissen des Kindes sehr verschieden davon ist, was sein Vater Wissen nennt. Ich würde zögern, dem Kind Wissensdurst zuzuerkennen. Was da geschieht, gleicht eher einem physikalischen Adsorptionsvorgang, so wie das Löschblatt sich mit Wasser anfüllen muß, wenn es mit ihm in Berührung kommt.

Das Englische besitzt ein Wort, *inquisitive,* dessen Entsprechung dem Deutschen fehlt. Das Wörterbuch übersetzt dieses Wort mit »neugierig« oder »wißbegierig«; das richtige Äquivalent wäre aber »fragelustig« oder »fragefreudig« – – Wörter, die es geben könnte, aber, glaube ich, offiziell nicht gibt. *Inquisitive* steht nämlich für den Begriff, der sowohl für das Kind wie für den Naturforscher zutreffen würde. Das leicht abfällige schweizerische Wort »Frägler« könnte vielleicht auf diesen, aber nicht auf jenes angewendet werden.* Beide, Kind und Forscher, stellen Fragen, aber ihre Beweggründe sind verschieden. Ich würde so ein Wort wie Fragelust den eingeführten Wörtern Neugier oder Wißbegier vorziehen, denn es ist nicht gesagt, daß, wer Fragen zu stellen liebt, den Antworten auch zuhört.

Wie schon aus dem früher zitierten amerikanischen Sprichwort hervorgeht, betrachtet die Volksweisheit die Neugierde keineswegs als eine rätliche Eigenschaft. Auf den Wissensdrang, nicht zu reden vom faustischen Drang, blickt sie hingegen mit Respekt. Sonst hätte Goethes Faust nicht das Paradigma des Forschers werden können. Diese von blitzträchtigen Gewitterwolken umgebene einsame Suchergestalt hat die Art und Weise geprägt, mit der die Welt den Naturforscher betrachtet, der die Natur fieberhaft nach Antworten

* Zwischen Frager und Frägler scheint mir der gleiche Unterschied obzuwalten wie zwischen Wissenschafter und Wissenschaftler. Im »l« liegt der tadelnswert geschäftige Eifer. Seltsamerweise scheinen nur die Schweizer und die Österreicher diesen Unterschied gespürt zu haben.

durchstöbert. Während er schon längst ein die Natur bürokratisierender Wissensbeamter geworden ist, trägt er vor dem Volk noch immer den Nimbus erhabener Selbstaufopferung. Meistens glaubt auch er daran, denn auf sich selbst angewandte Skepsis gehört zu den seltensten Eigenschaften.

II

Allerdings ist der so allgemein hochverehrte menschliche Wissensdrang schon früh bei manchen auf Zweifel gestoßen. So lese ich in den *Confessiones* des hl. Augustinus:

> Ecce respondeo dicenti: »quid faciebat deus, antequam faceret caelum et terram?« respondeo non illud, quod quidam respondisse perhibetur ioculanter eludens quaestionis violentiam: »alta«, inquit, »scrutantibus gehennas parabat«.[9]

Was Augustinus selbst auf die gestellt naive Frage zu antworten hatte -- nämlich daß es für Gott kein *antequam,* kein »bevor« gebe, denn ehe Er die Zeit erschuf, habe Er nichts getan --, braucht uns hier nicht zu beschäftigen, obwohl seine tiefsinnigen Überlegungen über den Begriff der Zeit mir noch immer höchst gültig erscheinen. Aber der Quidam hat vielleicht nicht gescherzt, als er den Hohes Durchstöbernden die Hölle versprach. Vor 1600 Jahren kann es nicht viele derartige Stöberer gegeben haben, jetzt sind es viele Hunderttausende.

Für Goethes Mephistopheles spielt die Hölle keine große Rolle: er ist ein Aufklärungsteufel. Bei Marlowe geht es anders zu. Sein Faust ist durchwegs von einem Schwefelduft umgeben. Dazu paßt es, daß er auf die Frage, wieso Mephistopheles die Hölle habe verlassen dürfen, die Antwort erhält: »Why, this is hell, nor am I out of it.«[10] Mit anderen Worten, die Hölle reist mit ihren Teufeln; wo ein Teufel weilt, dort ist die Hölle. Und dort hat auch dieser Faust sein Laboratorium errichtet. *Cuius religio, eius regio:* eine angemessene Umdrehung des berühmten Grundsatzes.

Der von Augustinus so beeinflußte Pascal hatte auch keine hohe Meinung von der Neugier als einer menschlichen Eigenschaft:

> Curiosité n'est que vanité. Le plus souvent on ne veut savoir que pour en parler.[11]

Dabei war er selbst in seiner Jugend ein Gipfelwanderer auf den Höhen der Mathematik gewesen, wurde aber später einer der ersten und schärfsten Kritiker der sich gerade damals einen schüchternen Weg bahnenden Naturforschung. In dem hier angeführten Gedanken scheint Pascal auch den Zusammenhang zwischen Wissens- und Mitteilungsdrang zu spüren. Kann man sich jetzt einen Naturforscher vorstellen, der nicht so oft wie möglich -- und manchmal öfter -- Veröffentlichungen in die Welt schickt? Schweigende Grübler gehören ins Mittelalter. Schon allein der Umstand, daß das einzige wissenschaftliche Symposium, dem Faust beiwohnt, auf dem Blocksberg stattfindet, und daß nirgendwo die Rede ist von Sonderdrucken, Vorläufigen Mitteilungen und Forschungskrediten, sollte Faust als Vorbild für unsere Zeit disqualifizieren.

Wieso es zu der jetzt herrschenden krankhaften Hypertrophie des Wissensdranges gekommen ist, ist oft, und von sehr verschiedenen Gesichtspunkten ausgehend, geschildert worden. Dennoch darf vielleicht einer, dessen Stimme sich erst allmählich von dem langjährigen Heulen mit den Wölfen erholt, etwas hinzusetzen. Wie viele Triebe und Dränge man dem Menschen zuschreiben darf, ist mir unbekannt. Die Psychologie oder die Psychoanalyse verfügt sicherlich über Listen aller Arten. Manche Triebe, welche die Menschheit schon früh in ihrer Entwicklung gewahr geworden sein muß, sind schwer oder überhaupt nicht organisierbar, wie z. B. der Geschlechtstrieb, die Schadenfreude oder die Neugierde; andere haben jedoch im Laufe der Zeiten zu Sammeltätigkeiten geführt. So die Scheu vor dem Übernatürlichen in der Welt, die Furcht vor dem Tod und die Ehrfurcht vor dem, was größer ist als der Mensch, zur Religion; die Streit- und Habsucht und der Haß zum Krieg; der Wissensdrang zu den Wissenschaften, und insbesondere zur Naturforschung.

III

Ob nun Neugier oder Wissensdrang die Ahnen des menschlichen Wissens sind, warum dauerte es so lange, bis es zur Errichtung der Wissenschaften in der für uns erkennbaren Form kam? Natürlich hat es schon in der Antike Philosophen, Historiker, Geographen, Literaturkritiker gegeben, also Vertreter von Fächern, die auch jetzt zur höheren Bildung gehören und in den Universitäten vertreten sind. Mit Ausnahme der Philosophie und der jetzt kaum als Wissenschaft betrachteten Rhetorik handelte es sich jedoch meistens um Alleingänger, deren Tätigkeit wenig mit dem Lehrbetrieb, wie wir ihn jetzt kennen, zu tun hatte, und noch weniger mit der uns vertrauten Art von Forschung. (Das hellenistische Alexandria mag da eine Ausnahme gewesen sein.) Und vollends von Naturforschung zu sprechen, hätte wenig Sinn, wenngleich hie und da Fragen an die Natur gestellt und physikalische Versuche ausgeführt wurden. Wenn Suchen und Fragen allein schon Forschung bedeuten, so könnte man vielleicht auch in der Antike von Naturforschung reden. Nie aber kam es, denke ich, zu jener Aggregation, zu jener Vernetzung, wie sie z. B. für die Entwicklung der Mechanik oder der Optik im 17. und 18. Jahrhundert, oder für die der Chemie im 19. Jahrhundert charakteristisch war. Damit sich eine Beobachtung, eine Entdeckung, ein Gedanke dem Corpus des Wissens einverleiben, bedarf es einer kritischen Masse von Beobachtern und, noch mehr, von an der Beobachtung Interessierten. Daran fehlte es für eine lange Zeit, denn ohne Wettstreit blüht keine Wissenschaft.

Aus ökonomischen, politischen und soziologischen Gründen, die ich nicht im einzelnen erörtern kann, war diese kritische Masse seit dem Ende des 16. Jahrhunderts vorhanden. So begann der Fortschritt der Wissenschaften, zuerst der Geistes- und etwas später der Naturwissenschaften. Ich sage es nur zögernd, aber ich habe den Eindruck, daß für die Entwicklung der letzteren noch ein weiterer Umstand dazukommen mußte, nämlich ein Erschlaffen der Verbundenheit des Menschen mit der Natur. Solange er sich betrachtete als Teil der Natur, wie Tier und Pflanze und Fels, konnte die mechanistische und analytische Ansicht von der Natur als Objekt der Forschung kaum Fuß fassen. Erst mit dem Zerreißen der Verbindung konnte sich der jetzt vorherrschende Naturbegriff durchsetzen, kraft dessen die Naturforschung etappenweise zuerst der Rekognoszierung des Geländes dient, dann der Besetzung, der Ausbeutung und schließlich der vorgeblichen Amelioration.

Es ist wohl kaum nötig zu betonen, daß bei weitem nicht alle Naturwissenschaften, wie wir sie jetzt kennen, diesem imperialistischen Imperativ gehorchen. Vor einigen Jahren habe ich in einem andern Zusammenhang eine vereinfachende Unterscheidung zwischen den verschiedenen Formen der Naturwissenschaften vorgeschlagen; ich unterschied zwischen historischen und unhistorischen, zwischen experimentell-deskriptiven und rein deskriptiven Disziplinen.[12] Es ist schwer sich vorzustellen, wie eine historischdeskriptive Wissenschaft wie die Paläobotanik imperialistisch ausgenutzt werden könnte. Sie hat ja mit einer Natur zu tun, die es zum Teil gar nicht mehr gibt. Bis vor kurzem hätte ich von der Astronomie als rein deskriptiver Wissenschaft das Gleiche gesagt; seit der Kolonisierung des Weltraums zu militärischen Zwecken habe ich jedoch meine Meinung geändert. Wenn man unsere Welt mit kühlen Augen überblicken will, könnte man sagen, daß es die zwei großen grundlegenden experimentell-deskriptiven Naturwissenschaften, die Physik und die Chemie, sind, welche die hauptsächliche Schuld tragen an der Gefährdung der Menschheit, an der Vergiftung ihrer Leiber, an der Erschütterung ihrer Seelen. In den letzten Jahren hat die dritte große Wissenschaft, die Biologie, ihr Anrecht geltend gemacht, ebenfalls auf die schwarze Liste zu gelangen. Indem die Wissenschaften sich anschicken, uralte Träume der Menschheit wahr werden zu lassen, berauben sie diese ihrer traumherrlichen Unerfüllbarkeit. Die oneirische Immunität, wenn ich sie so nennen darf, die der Mensch im Traum genießt, schützt ihn vor seinem Gewissen und seiner Vernunft. Wird das Traumbild künstlich zur Wirklichkeit gemacht, so wird es ein faules Bild und eine trügerische Wirklichkeit. Mancher Traum, in die Wirklichkeit versetzt, wird ein Angsttraum, gleichsam ein Tagmahr.

IV

Wie kommt es also dazu, daß die Früchte vom Baum des Wissens tödliche Früchte sind, daß Metaphern Gift spritzen können? Ich wollte, ich könnte auf diese Frage eine Antwort geben, die sich von der eines spanischen Inquisitors im 17. Jahrhundert unterschiede. Lieber gebe ich keine Antwort. Ich denke nämlich, daß die Wissenschaften uns jetzt mit zu vielen eilfertigen Erklärungen überschütten. Allerdings leben sie von der Voreiligkeit ihrer Endgültigkeiten; darin besteht ja der Fortschritt der Wissenschaften. Phänomene, deren Erklärung endgültig ist, werden so banal, daß man sie vergißt; bis ein völliger Umschwung der Mode sie in einem ganz neuen Licht erscheinen läßt, und dann vergißt man die alten Erklärungen und fängt von vorne an.

Der Zusammenhang zwischen Wissen und Machen, also zwischen dem Resultat der Forschung und dessen Anwendung oder Verwertung, erscheint mir geheimnisvoll. Irgendwie sind Neugier und Machgier im Menschen gekoppelt, obwohl es viele Leute zu geben scheint, die des einen oder andern Triebs oder beider ermangeln. Historisch gesehen, denke ich, gilt es nur für die letzten zwei Jahrhunderte, daß die Naturforschung der Vorläufer der Technik ist. Früher liefen das Nachdenken über die Natur und ihre maßvolle Ausbeutung in ganz verschiedenen Bahnen. Der Grundstein für eine Naturforschung, die auch wir völlig erkennen und anerkennen würden, wurde erst in der Viktorianischen Zeit gelegt. An dieser Stelle möchte ich einen der herrlichsten Vertreter dieser Epoche zu Wort kommen lassen, Alexander von Humboldt, diesen wahren Souverän über dem ganzen Reich der Naturwissenschaften, bevor es in unzählige Spezialitäten zerfiel. Er schreibt im *Kosmos,* jenem großen Buch mit dem kühnen Untertitel »Entwurf einer physischen Weltbeschreibung«:

> Gleichmäßige Würdigung aller Theile des Naturstudiums ist aber vorzüglich ein Bedürfniss der gegenwärtigen Zeit, wo der materielle Reichthum und der wachsende Wohlstand der Nationen in einer sorgfältigeren Benutzung von Naturproducten und Naturkräften gegründet sind. Der oberflächlichste Blick auf den Zustand des heutigen Europa's lehrt, daß bei unglei-

chem Weltkampfe oder dauernder Zögerung nothwendig partielle Verminderung und endlich Vernichtung des National-Reichthums eintreten müsse; denn in dem Lebensgeschick der Staaten ist es wie in der Natur: für die, nach dem sinnvollen Ausspruche Göthe's, »es im Bewegen und Werden kein Bleiben giebt und die ihren Fluch gehängt hat an das Stillestehen.« Nur ernste Belebung chemischer, mathematischer und naturhistorischer Studien wird einem von dieser Seite einbrechenden Uebel entgegentreten. Der Mensch kann auf die Natur nicht einwirken, sich keine ihrer Kräfte aneignen, wenn er nicht die Naturgesetze, nach Maass- und Zahl-Verhältnissen, kennt. Auch hier liegt die Macht in der volksthümlichen Intelligenz. Sie steigt und sinkt mit dieser, Wissen und Erkennen sind die Freude und die *Berechtigung* der Menschheit; sie sind Theile des National-Reichthums, oft ein Ersatz für die Güter, welche die Natur in allzu kärglichem Maasse ausgetheilt hat. Diejenigen Völker, welche an der allgemeinen industriellen Thätigkeit, in Anwendung der Mechanik und technischen Chemie, in sorgfältiger Auswahl und Bearbeitung natürlicher Stoffe zurückstehen; bei denen die Achtung einer solchen Thätigkeit nicht alle Classen durchdringt: werden unausbleiblich von ihrem Wohlstande herabsinken. Sie werden es um so mehr, wenn benachbarte Staaten, in denen Wissenschaft und industrielle Künste in regem Wechselverkehr mit einander stehen, wie in erneuerter Jugendkraft vorwärts schreiten.[13]

Ich habe diesen Absatz aus Humboldts einleitendem Vortrag (dem ersten von 61!), »in der großen Halle der Singakademie zu Berlin« am 3. November 1827 gehalten, nicht nur deshalb zitiert, weil es selten vorkommt, daß man die Sätze eines

Naturforschers gleichsam auf der Zunge zergehen lassen möchte. Maßvoll ließ die edle Stimme sich hören, gerade am Anfang der Epoche, in der der Wissensdurst bald zu einer Art von Quartalssäuferei führen sollte, und später, in unsern Tagen, zu einer wahren Wissenssucht. So wie der Süchtige mit Recht erklärt, er könne ohne die Droge nicht leben, sagen wir das Gleiche von der durch die Forschung angetriebenen Technik. Aber schon in Humboldts Worten ist viel davon enthalten, was die gegenwärtige Misere herbeigeführt hat. Die technische Chemie hat die Welt vergiftet, die Macht der volkstümlichen Intelligenz hat die Atombombe erfunden. Volksmacht, Nationalreichtum und Naturstudium kommen hier in einem Knoten zusammen, der seither gordisch geworden ist; die Naturkräfte sind mit den Naturprodukten so leichtfertig und gedankenlos umgegangen, daß Atommüll und Pestizide bald über die Kanten der Welt zu kippen drohen. Ich glaube jedoch nicht, daß Humboldt hätte vorhersehen können, daß der Szientismus einmal eine gefährlichere Süchtigkeit werden könne als, sagen wir, der Alkoholismus.

Es gehört zu den Beschränkungen seiner Epoche, daß Alexander von Humboldt sich gar nicht zu fragen scheint, wer eigentlich an dem von Wissenschaft und Technik gegründeten Nationalreichtum teilhabe. Es ist daher ein begrüßenswerter Zufall, daß im gleichen Jahr, 1845, als *Kosmos* erschien, zwei andere Werke ihre erste Auflage erlebten; Bücher, die Humboldts nicht gestellte Frage teilweise beantworteten. Ich denke an *Die Lage der arbeitenden Klasse in England* von Friedrich Engels und an Benjamin Disraelis zweiten politischen Roman *Sybil or The Two Nations* (die zwei Nationen, die England bewohnen, sind die Reichen und die Armen).

V

Es ist also der Wissensdurst, die Wissenssucht, die uns auf die Höhe der Zeit geführt haben. Nicht alle Zeiten haben jedoch die dank der Technik verwirklichten Produkte des Forschens so widerspruchslos, so stumpf-dankbar entgegengenommen, wie es jetzt geschieht. Es ist sogar noch mehr geschehen: diese Errungenschaften sind nicht nur gewohnheitsbildend; sie sind es sogar mit rückwirkender Kraft. Von vielen Dingen, deren neugebackene und oft kurzlebige Existenz ich noch kaum zur Kenntnis genommen habe, wird mir versichert, man könne ohne sie nicht auskommen; es sei geradezu unverständlich, wieso das früher möglich gewesen sei. Aber es war doch möglich, es ist doch möglich! Hier stehe ich und existiere. Und gewiß gibt es noch ein paar weitere Zeugen des Präcomputer-Zeitalters, ja sogar der unvorstellbaren Epoche, als es noch kein Fernsehen gab.

Von vielen in den letzten Jahren aufgekommenen Errungenschaften wird uns also erklärt, daß wir ohne sie gar nicht existieren könnten.* Kernkraftwerke sind vielleicht das beste Beispiel. Und doch wird kein Vernünftiger es bezweifeln, daß die Menschheit auch ohne sie sehr wohl fortgefahren hätte zu existieren. Der technische Fortschritt hat den Charakter einer Vulkanexplosion angenommen, eines glühenden Lavastroms, der alles mit sich reißt. Die Geschwindigkeit, mit der technische Neuerungen nicht nur in das Wirtschaftsleben

---

* Wenn man ohne ein bestimmtes Ding, also z. B. die Kernenergie, nicht existieren kann, so muß dieses als *notwendig* bezeichnet werden. Dazu eine tiefsinnige Bemerkung Kierkegaards aus den *Philosophischen Brosamen:* »Alles, was wird, beweist gerade durch das Werden, daß es nicht notwendig ist; denn das Einzige, das nicht werden kann, ist das Notwendige, weil das Notwendige *ist.*«[14]

der Massen, sondern auch in das Gemütsleben des einzelnen aufgenommen werden, ist, denke ich, eine hervorstechende Eigenschaft unserer Zeit. Sie bezeichnet das Verschwinden dessen, was ich das Persönlichkeitszentrum nennen möchte; die von dieser Aushöhlung hinterlassene Leere muß mit Mist und Wust ausgefüllt werden. Auch Parolen und Schlagworte können zur Auffüllung des Hohlraums dienen, denn viele der technischen Neuerungen sind ja nicht viel mehr als Slogans aus Blech oder Plastik. Es mag eine romantische Kurzsichtigkeit meinerseits sein oder daher kommen, daß ich in Amerika lebe, aber der hier geschilderte Eindruck wird immer stärker.

Daß große Dinge meistens einen kleinen Ursprung haben, ist ein Gemeinplatz. Daß dieser jedoch datiert werden kann, ist ungewöhnlich. Dennoch hat in dem uns hier interessierenden Beispiel ein großer Dichter es gewagt. Im ersten Buch von *Paradise Lost* beschreibt John Milton die Errichtung des Pandaemoniums, des von den gefallenen Engeln betriebenen Erzbergwerks. Diese Verse wurden ungefähr 1660 geschrieben, und so haben wir einen Zeitpunkt für das erste Echo auf die einsetzende Industrielle Revolution. Milton ging allerdings weiter zurück und erkannte den Teufel als den Erfinder der Maschine. In dem Konzept der Maschine kann man nämlich den ersten Versuch seitens der Menschheit sehen, den bei der Vertreibung aus dem Paradies ausgesprochenen Fluch zu entschärfen. Die Maschine war die Segnung, die Gott versagt hatte. Daß es ein englischer Dichter war, der das Teufelswerk beschrieb, ist nicht verwunderlich: in allem, was mit der industriellen Ausnutzung der Maschine zu tun hatte, war England der Vorläufer. In diesem Zusammenhang möchte ich auf ein faszinierendes Buch hinweisen, eine von Humphrey Jennings ausgewählte Anthologie, in der eine erstaunliche Vielfalt zeitgenössischer Stimmen das Grauen und den Triumph des Maschinenzeitalters schildert.[15] Das Buch reicht von 1660 bis 1886, hört also zu der Zeit auf, als Propaganda, Gehirnmassage und Reklame die autochthonen Reaktionen der einzelnen zu ersticken begannen. Viel käuflichen Jubel kann man noch immer hören, aber wenig Horror, denn die meisten sind sich bewußt, wie lächerlich es ist, gegen den Ausbruch eines Vulkans zu protestieren.

VI

Wer in einem Labyrinth zur Welt gekommen ist, sucht keinen Ausgang. Er kann sich gar nicht vorstellen, daß es einen gibt. Die Tatsache, daß seit Menschengedenken nach einem Ausweg gesucht wurde und das auch jetzt noch geschieht, zeigt, daß in uns allen eine trübe, verwehte Erinnerung fortlebt, es habe einmal ein Draußen gegeben. Leider hat ein jeder eine verschiedene Vorstellung von dem Aussehen und der Lage dieses Ausgangs. Ich habe die Hoffnung verloren, daß eine Willenskonfluenz vieler Millionen einzelner zustandekommen und derart eine Veränderung erzwingen kann. Diese muß, ähnlich einer Naturerscheinung oder einer Naturkatastrophe -- einem Vulkanausbruch, einem Erdbeben --, von außen kommen. Wenn man dem einzelnen einredet, sein -- mit sehr dicken Anführungszeichen versehener -- »faustischer Drang« habe ihn und das Gemeinwesen zu einem Wohlleben befähigt, wie seine Vorfahren es sich nicht hätten träumen lassen, ist der Entschluß, diesem Wohlstand zu entsagen, sehr schwer.

Noch viel ärger als ein Labyrinth mit nur einem Ausgang ist eines, das überhaupt keinen hat; und mit einem solchen möchte ich unsere so überaus verfilzte westliche Welt vergleichen. Mit ihren undurchsichtig verknoteten sozialen und ökonomischen Querverbindungen; mit ihren die guten und die bösen Instinkte der Menschen gegeneinander ausspielenden Scheininstitutionen; mit ihrer die Zufallsbeobachtungen der Naturwissenschaften zu einem allgültigen Kontinuum komprimierenden Leichtfertigkeit degradiert sie jeglichen Wissensdrang zu einer ausweglosen Spiegelfechterei.

Es ist, glaube ich, für einen denkenden Menschen nicht schwer einzusehen, daß jeder Versuch, den gordischen Weichselzopf unserer technisierten Welt zu durchschneiden, vorderhand zu einer scheinbaren Verarmung führen muß, zu einem Zustand also, wie ihn die kommunistischen Länder nie losgeworden sind. Allerdings ist diese freiwillige Senkung des Lebensstandards nicht mit der in einem so reichen Land wie den Vereinigten Staaten herrschenden institutionalisierten Massenarmut zu vergleichen, wo mehr als ein Achtel der Bevölkerung von allen Segnungen des überreichen Landes völlig und permanent ausgeschlossen ist.

Ich glaube, man kann sagen, daß die vom menschlichen Wissensdrang erreichte Höhe des Wissens zu hoch, daß die Verfeinerung der ökonomischen Zusammenhänge zu fein, daß die Beschleunigung in Verkehr und Austausch zu schnell geworden sind für die meisten Leute, die alle Segnungen des technischen Fortschritts nur mit Lethargie oder Apathie empfangen können. Auch in Sybaris hat man sich schließlich den Magen verdorben. Die Erzlangweiligkeit, das müde Epigonentum der künstlerischen Produkte unserer Zeit ist oft besprochen worden ebenso wie das Erschlaffen jeder feineren geistigen Tätigkeit -- natürlich mit Ausnahme der Naturforschung, die nichts anderes tun kann als zu blühen.

Einst war die Metaphysik ein Wegweiser durch das Labyrinth. Jetzt ist sie tot, wie die Lyrik, die Musik, die Künste.

Selbstverständlich hat es noch vor kurzem einige gegeben, die die Todesbotschaft nicht zur Kenntnis nahmen, und so lebten noch zu meiner Zeit Bartok und Schostakowitsch, Karl Kraus und Brecht, Picasso, Matisse, Paul Klee und Mondrian. Noch ein paar Namen könnten genannt werden, aber die einzige gültige Antwort auf das Überangebot an geistigem und materiellem Schund war minimalistisch: »Weniger ist mehr«, »Klein ist schön«. Dem Michelangelo oder dem Monteverdi hätte man damit kommen sollen!

VII

Wer über die Wissensproduktion unserer Zeit nachdenkt, findet sich sofort in einer Riesenstadt von Gemeinplätzen und hohlen Gassen. Er wird zum Beispiel hören, daß wir nie genug wissen können, denn der Wissensdurst sei ein treibendes Prinzip des Menschen. Wenn er antwortet, das Wissen, das da produziert werde, werde von niemandem gewußt, es lösche niemandes Durst, ist der Belehrer schon weitergelaufen und schnurrt in ein anderes Ohr. Oder man bekommt zu hören, Wissen sei wertfrei, die Schuld liege in der Anwendung. Vielleicht wird der so Belehrte dieser Behauptung widerstrebend und kummervoll zustimmen, vielleicht wird er sie auch leugnen, denn er weiß, es gibt vielerlei Wissen und manchem sitzt der Mißbrauch im Herzen.

Jedenfalls hat es einen Denker gegeben, dem der sogenannte Wissensdrang als ein treibendes Element der Forschung wenig imponierte, denn er fand die damals einsetzende Wissensproduktion zugleich komisch und unheimlich. In seinen Tagebüchern, besonders aus dem Jahre 1846, ist Sören Kierkegaard häufig darauf zu sprechen gekommen. So schreibt er an einer Stelle:

> Das meiste dessen, was heutzutage am stärksten unter dem Namen Wissenschaft floriert (besonders Naturwissenschaften), ist gar nicht Wissenschaft, sondern Neugier. -- *Alles Verderben wird zuletzt von den Naturwissenschaften kommen.* --...[16]

Dieser apokalyptische Aufschrei erfolgte fast gleichzeitig mit Alexander von Humboldts Triumphtrompetenstoß, den ich früher angeführt habe. Daß zwei bedeutende Männer zur selben Zeit sich auf zwei so verschiedenen Stufen der Erkenntnis befinden konnten, betrachte ich als ein frühes Anzeichen für die damals beginnende Zerrissenheit, die sich in unseren Tagen zu einem katastrophalen Abgrund vertiefen sollte. Es ist übrigens bemerkenswert, daß Kierkegaards Vorhersage sehr ähnlich derjenigen ist, die der sehr gescheite englische Schriftsteller Thomas Love Peacock niederschrieb: »I almost think it is the ultimate destiny of science to exterminate the human race.«[17]*

Der Weg, auf dem Kierkegaard zu seiner finstern Prophezeiung gelangte, ist mir nicht ganz klar; es sei denn, daß er das Herumstöbern in der Natur und das Gerede darüber als eine Branche des allgemeinen Zeitgeschwätzes ansah. Das für seine -- und auch unsere -- Zeit charakteristische Zerschwätzen und Beplaudern betrachtete er allerdings, wie z. B. aus *En literair Anmeldelse* hervorgeht, als ein böses Vorzeichen.

Sonst fand er das wenige, was er von Naturwissenschaften sah, eher komisch.

* Über Peacock, diesen sehr bemerkenswerten, aus dem Romantikerkreis um Shelley herkommenden, aber höchst unromantischen, witzigen Schriftsteller habe ich bei einem früheren Anlaß einiges gesagt.[18]

Wenn die Naturwissenschaften zu Sokrates' Zeiten entwickelt gewesen wären, wie sie jetzt sind: so wären alle Sophisten Naturforscher geworden. Der eine hätte ein Mikroskop vor seiner Boutique hängen gehabt, um Kunden anzulocken, ein anderer ein Schild, auf dem stand: hier sieht man mit Hilfe eines Riesenmikroskops, wie ein Mensch denkt; hier wie das Gras wächst.[19] Es kann zu gar nichts führen, mit den Naturwissenschaften sich einzulassen. Man steht da wehrlos und kann nicht kontrollieren. Der Forscher beginnt sogleich mit seinen Details zu zerstreuen, nun soll man nach Australien, nun auf den Mond, nun in ein Loch unter die Erde, nun weiß der Teufel in den Steiß – – nach einem Eingeweidewurm; nun soll das Teleskop verwendet werden, nun das Mikroskop: wer zum Teufel kann das aushalten![20]

VIII

Wenn man die verschiedenen Äußerungen Kierkegaards über die Naturforschung und die Naturwissenschaften betrachtet, wird es klar, daß er diese als eine Art von Ablenkungsmanöver ansah, um die Menschen an dem Wichtigsten zu verhindern, nämlich nachzudenken über ihre Stellung zu Gott, zur Schöpfung, zum Glauben. In einem gewissen Sinne sind sie das geblieben, aber wir leben in noch verwirrteren, 150 Jahre müdereren Zeiten, da *homo religiosus* eine viel groteskere Figur ist, als sie Kierkegaards Zeitgenossen erschien. Damals machten sie sein Leben schwer, jetzt aber haben sie sich einen Mechanismus ausgedacht, der das Erscheinen eines solchen Typus unmöglich macht. Auf tausend, die nach dem »Eingeweidewurm« suchen, kommt wahrscheinlich nicht einer, der Kierkegaards Schriften zu lesen vermag.

Naturwissenschaft ist die Tünche unserer Zeit. Die allgemeine Szientifizierung, der als Wissenschaft organisierte, als Forschung institutionalisierte Wissensdrang haben eine kuriose Folge gehabt: sie haben den Wissensdurst des einzelnen abgetötet. Ich glaube nicht -- ich habe das schon oft gesagt --, daß es ignorantere Zeiten gegeben hat als unsere. Spezialwissen ist nämlich überhaupt kein Wissen, sondern eine Lizenz zum Geldverdienen. Das, was ich persönliches Wissen, Seelenwissen, nennen möchte, erweitert und bereichert den Geist -- und davon ist immer weniger vorhanden --, das Spezialwissen läßt ihn zu einem winzigen diamantharten Stachel einschrumpfen.

Wer jedoch heute von der Informationsexplosion und von den zu ihr beitragenden Wissensproduzenten spricht, denkt sicherlich nicht an das persönliche, sondern an das kodifizierbare Wissen, ob es nun in Büchern, Zeitschriften oder Software gespeichert ist. Dabei handelt es sich sozusagen um die Summe aller Spezialwissenselemente;* eine Bergkette, die in kontinuierlicher Bewegung ist, indem sie oben wächst und unten schmilzt. Es ist ein Wissen mit einer Verfallzeit, die besonders in den Naturwissenschaften immer kürzer bemessen ist; eine Kurzlebigkeit, die leider auch auf die Geisteswissenschaften übergegriffen hat, so daß eine zehn Jahre alte Ausgabe der Heraklitfragmente bereits überholt ist. Dieses rasche Veralten kommt von einer lächerlichen Überschätzung der Details und zeigt die aus den Naturwissenschaften ungerechtfertigterweise übernommene Präpotenz der Mode.

---

* Da ich Schwierigkeiten habe mit dem Plural von »das Wissen«, hätte ich an dieser Stelle gerne von »der Summe aller Spezialwissenheiten« gesprochen. Leider ist das nützliche Wort »die Wissenheit« schon seit etwa 300 Jahren aus der Sprache verschwunden.

Die Naturforschung hat uns nämlich in den letzten Jahrzehnten zahlreiche sogenannte Durchbrüche beschert; ein ursprünglich aus der Militärsprache stammender Ausdruck, der den Kriegszustand, in dem sich die Naturforschung gegenüber der Natur befindet, treffend kennzeichnet. Jeder Durchbruch begründet eine Modeströmung, Horden von Forschern in die eine oder andere Richtung steuernd. Wer in der Wissenschaft alt genug geworden ist, wird sich erinnern, wie viel Neues plötzlich aufgekommen und dann allmählich verschwunden ist. Früher hätte ich gesagt, daß erst die spätere Geschichtsschreibung uns wird zeigen können, was eine historische Schlacht und was ein belangloses Scharmützel gewesen ist; aber ich bin leider zu dem Schluß gekommen, daß es keine Geschichte der Naturforschung geben kann, die tiefer grübe als, sagen wir, eine Geschichte der Kleidermoden.

IX

Es ist klar, Kierkegaard hätte die Naturforschung nicht als wertfrei betrachtet, sondern als einen Frevel. Der von ihm so bewunderte Lessing, vielleicht der redlichste Mann in der deutschen Literatur, wäre gewiß nicht der gleichen Meinung gewesen; er hätte wahrscheinlich auch diese Art von Forschen als ein unstillbares, nie zu befriedigendes Suchen nach Wahrheit angesehen. Aber auch ihm hätte es gegraut vor Wahrheiten, die man mit Profit verkaufen kann. (Das alte Paradox, Wahrheit – Wahrheiten: wonach man im Singular streben soll, wird im Plural zum Fluch.)

Es bleibt also beim alten Gemeinplatz: in der Anwendung liegt das Malheur. Dieses heißt Auschwitz, Hiroshima, Dresden oder, wenn man will, Tschernobyl, Bhopal, Seveso, Basel. Es heißt aber auch Gentechnologie, künstliches Herz, gefrorene Embryonen. Es hat mehr Gestalten als Proteus, unser alter mythologischer Freund, hätte annehmen können. Es ist unsere Gegenwart, unsere überfüllte, vergiftete, verwirrte Welt.

Die Naturwissenschaften sind aber nicht so beschaffen, daß man als ihre einzige Konsequenz den Katalog von Greueltaten, den ich soeben beispielsweise angeführt habe, betrachten darf. Immer waren sie mehr ein Suchen als ein Finden, waren sie ein ungestilltes Sehnen, ein Tasten nach festem Halt. Sie waren ein blinder Versuch, die von Gott gegebene Erde, das von Gott geschenkte Leben zu verstehen. Ein jeder mußte es unternehmen, die Außenwelt in sein eigenes Innere zu wenden. Wer an Wunder glaubte, sah Wunder überall, und nichts war wunderbarer als die reiche, reine Welt. So mancher fand Wunder, wo er sie nicht suchte. Bruchweises Verstehen war, in seinen Höhen und Tiefen, besser als die Flachwelt der Erklärung. Es liegt aber im Wesen von Wüsten, daß sie wachsen müssen. Und so wurden die Naturwissenschaften allmählich zu reinen Erklärungswissenschaften, und der Naturforscher wurde ein Beamter der vorhersagbaren Flachklügelei.

Man kann nicht einmal mehr sagen, daß es der Wissensdurst ist, der die Naturwissenschaften vorantreibt. Was das Riesengelände der Forschung aufweist, ähnelt einer vielfachen Brownschen Bewegung, wobei die zahllosen Krümchen, in ihrem Hin und Her und Rundherum, rätselhaften oder gar keinen Gesetzen zu gehorchen scheinen. Den Sinn dieser Bewegung kann niemand ergründen; man müßte Hamann oder Kierkegaard oder Peacock befragen, aber sie hätten wahrscheinlich auch keine Antwort gewußt, oder diese wäre zu eschatologisch ausgefallen für unsere weichköpfigen Zeiten. Jedenfalls denke ich nicht, daß in der Richtung, welche die westlichen Länder eingeschlagen haben, ein wünschenswertes oder auch nur ein erreichbares Ziel liegt.

Diese Richtung kann kurz beschrieben werden. Sie besteht darin, den Bereich des technisch Machbaren hektisch zu erweitern. Wissenschaftliche Beobachtungen, am laufenden Band produziert, werden fast sofort in Erfindungen und Erzeugnisse umgemünzt, besonders wenn sie dazu dienen, die Schnelligkeit über jedes menschliche Maß zu erhöhen und die Arbeit des Menschen auszuschalten. Den wenigen, die es wagen, ihre Stimme zu erheben, um zu fragen, wohin das alles führen solle, wird die Narrenkappe aufgesetzt; und das mit Recht, denn an wen geht diese Frage? Gibt es überhaupt noch Verantwortliche, sind sie nicht alle Zauberlehrlinge, deren Meister längst tot ist?

Niemals, scheint es, ist es in das Bewußtsein der Generationen eingedrungen, daß ihre Erde ihnen nur geliehen worden ist. Sie schwanden dahin wie ein Hauch über dem Ewigen, und neue Geschlechter fingen von neuem an. Auch nachdem sie gelernt hatten, die Früchte ihres Suchens und Wissens schriftlich festzulegen, hat es noch einer sehr langen Zeit bedurft, bevor sie den Entschluß fassen konnten oder mußten, ihr aufgehäuftes Wissen zur Veränderung der sie umgebenden Welt zu verwenden. Die ersten dahin zielenden Versuche liegen wahrscheinlich keine 150 Jahre zurück. Es war jedoch in unserer eigenen Lebenszeit, als diese Versuche das Überleben der Menschheit zu bedrohen begannen. Den Wettlauf mit der Ewigkeit, in den die Menschen sich jetzt eingelassen haben, werden sie nicht gewinnen.

Anmerkungen

1 G. C. Lichtenberg, *Schriften und Briefe* (München, 1968), 1. Bd., S. 752.
2 Vgl. dazu »Spiegel im Abgrund -- Vom Suchen und Finden« in E. Chargaff, *Unbegreifliches Geheimnis* (Stuttgart, 1980), S. 211.
3 F. Nietzsche, *Sämtliche Werke,* Kritische Studienausgabe (München, 1980), Bd. 13, S. 499 f.
4 Vgl. dazu »Vom Lesen und Schreiben« in E. Chargaff, *Zeugenschaft* (Stuttgart, 1985), S. 7; bes. S. 15 ff.
5 Charles Baudelaire, *Œuvres complètes* (Pléiade, Paris, 1961), S. 809.
6 J.-J. Rousseau, *Œuvres complètes* (Pléiade, Paris, 1959), Bd. 1, S. 1024.
7 Josef Pieper, *Thomas-Brevier* (München, 1956), S. 192. -- »Aus der einen Urwahrheit ergeben sich im Geiste der Menschen viele Wahrheiten, wie das eine menschliche Angesicht – in einem zerbrochenen Spiegel – viele Gesichter ergibt.«
8 E. Chargaff, *Kritik der Zukunft* (Stuttgart, 1983), S. 12 ff.
9 Augustinus, *Confessiones,* XI, 12, 14. -- »So antworte ich dem, der sagt: ›Was hat Gott gemacht, bevor er den Himmel und die Erde machte?‹, so antworte ich nicht das, was jemand geantwortet haben soll, indem er der Wucht der Frage mit einem Scherz auswich: ›Für diejenigen, die erhabene Fragen erforschen‹, sagte er, ›hat er (Gott) die Hölle bereitet.‹«
10 Ch. Marlowe, *The Tragical History of Doctor Faustus,* V. 312.
11 Pascal, *Pensées* (Nr. 77, Lafuma). -- »Neugier ist nichts als Eitelkeit. Meistens will man nur wissen, um davon zu reden.«
12 E. Chargaff, *Unbegreifliches Geheimnis,* S. 78 (Stuttgart, 1980).
13 A. von Humboldt, *Kosmos,* 1. Bd., S. 35 f. (Cotta, Stuttgart und Augsburg, 1845).
14 S. Kierkegaard, *Philosophische Brosamen* und *Unwissenschaftliche Nachschrift,* S. 88 (übers. B. u. S. Diderichsen, München, 1976).
15 H. Jennings, *Pandaemonium* -- The Coming of the Machine as Seen by Contemporary Observers, 1660–1886 (Free Press, New York, 1985).
16 S. Kierkegaard, *Die Tagebücher* (übers. Th. Haecker, Innsbruck, 1923), 1. Bd., S. 294.

17 T. L. Peacock, Gryll Grange, Chapter 19, in The Novels 2. Bd., S. 877 (ed. D. Garnett, Hart-Davis, MacGibbon, London, 1963).
18 E. Chargaff, Warnungstafeln, S. 85 (Stuttgart, 1982).
19 Wie in Anmerkung 16, S. 300.
20 Wie in Anmerkung 16, S. 301.

Die Kapitel 1, 2 und 3 sind bisher ungedruckt; das Kapitel 4 ist in der »Neuen Rundschau«, Kapitel 5 in der Zeitschrift »Scheidewege« erschienen.

Erwin Chargaff

in der Sammlung Luchterhand

Abscheu vor der Weltgeschichte
Fragmente vom Menschen
SL 999
Erwin Chargaff, Biochemiker von Weltrang und einer der schärfsten Kritiker des Wissenschaftsbetriebes, hält in diesen Essays einen sarkastischen Nachruf auf die Wissenschaft und ihr faustisches Prinzip. Augustinus, Pascal und Kierkegaard sind seine Zeugen, mit denen er anschaulich macht, worin der eigentliche Traditionsverlust der Moderne besteht. Chargaff greift ein in die zuweilen gespenstische Debatte zur deutschen Vergangenheit, den »Historikerstreit«. Er rechnet ab mit dem Begriff der »Wahrheit« im Lauf der Wissenschaftsgeschichte. Und wenn er dem »Haß der Völker« nachspürt, wird deutlich, daß hier ein Betroffener schreibt.

Das Feuer des Heraklit
Skizzen aus einem Leben vor der Natur
SL 844
»Zwei verhängnisvolle wissenschaftliche Entdeckungen haben mein Leben gezeichnet: erstens die Spaltung des Atoms, zweitens die Aufklärung der Chemie der Vererbung. In beiden Fällen geht es um Mißhandlung des Kerns: des Atomkerns, des Zellkerns. In beiden Fällen habe ich das Gefühl, daß die Wissenschaft eine Schranke überschritten hat, die sie hätte scheuen sollen.«

Unbegreifliches Geheimnis
Wissenschaft als Kampf für und gegen die Natur
SL 849
Über immer kleinere Details wird mit immer größerem Aufwand immer mehr Wissen angehäuft, das immer weniger zur Lösung der Probleme der Menschen beiträgt. Diese Art von Wissenschaft ist für Erwin Chargaff der Feind von Aufklärung und Erkenntnis. Dem setzt er in seinen geistreichen, brillanten Essays die Forderung nach der gesellschaftlichen Verantwortung des Wissenschaftlers entgegen. Sein Gewissen muß standhalten vor dem Interesse der Industrie, der Verbraucher und der Politik.

Zeugenschaft
Essays über Sprache und Wissenschaft
SL 904
In seinen Essays über Sprache, Lesen und die klassische Literatur versucht Chargaff die humane Substanz zu erhellen, auf die Zeitkritik sich immer wieder beziehen muß, will sie einen Maßstab für die Gefährdung der Menschheit entwickeln.

Luchterhand Essay

Herausgegeben von Freimut Duve

Marion Gräfin Dönhoff
Polen und Deutsche
Die schwierige Versöhnung
Betrachtungen aus drei Jahrzehnten
220 Seiten. Broschur
Marion Gräfin Dönhoff hat die Entwicklung des neuen polnischen Staates, der nach 1945 aus der Hitlerverwüstung entstand, engagiert begleitet: von den Leiden der Polen unter dem Stalinismus bis zum Sieg der Solidarność. Immer wieder ist sie nach Polen gereist und hat in Reden und Artikeln ihre deutschen Leser erinnert: »Es ist Zeit, daß wir das europäische Haus bauen, zu dem auch die Polen streben.«

Ivan Illich
Im Weinberg des Textes
Als das Schriftbild der Moderne entstand
Ein Kommentar zu Hugos »Didascalicon«
Aus dem Englischen von Ylva Eriksson-Kuchenbuch
220 Seiten. Broschur
Dem Leser des ausgehenden zwanzigsten Jahrhunderts, dessen Zeitgenossen sich mehrheitlich längst mehr der elektronisch steuerbaren Bildsprache widmen als dem schriftlichen Text der Buchseiten, wird hier eine Wanderung in die geistige Landschaft des großen Kulturbruchs des zwölften Jahrhunderts geboten. Ein neuer Blick auf die Geburtszeit einer Epoche, die an ihr Ende geraten ist.

Armin Mueller-Stahl
Drehtage
»Music Box« und »Avalon«
180 Seiten. Broschur
Ein großer deutscher Schauspieler, in den USA zum Weltstar geworden, gibt Auskunft über den amerikanischen Film, über die Begegnung mit einer fast unwirklichen Welt, hinter den Masken, hinter der Kamera. Auskünfte über die Begegnung mit den Gestalten, zu denen er werden muß, Auskunft über die Begegnung mit sich selbst.

Claus Eurich

im Luchterhand Literaturverlag

Die Megamaschine
Vom Sturm der Technik auf das Leben und Möglichkeiten des Widerstands
240 Seiten. Broschur
Auch als SL 954
Atomenergie, ob »friedlich« oder militärisch genutzt, bedroht unser aller Leben; die moderne Chemie vergiftet Mensch und Natur; die Gentechnologie greift in den Prozeß der Evolution ein; die Informations- und Computertechnologien gefährden die Kommunikation zwischen den Menschen und führen zu lückenloser Verdatung, Kontrolle und Überwachung. Das Neue an dieser Entwicklung ist, daß die einzelnen Bedrohungen und die ihnen zugrundeliegenden Technologien zusammenwachsen zur *Megamaschine*, verschmelzen zu einer Superkrise. Eurich beschreibt die Konvergenz der Krisen und entwirft gleichzeitig eine Verantwortungsethik für den erfolgreichen Widerstand.

»Ich dachte, ich wüßte schon alles über das Wüten der Megamaschine, aber das Buch von Claus Eurich hat meine Kenntnisse erweitert, weil er viele Einzelheiten zu einem Gesamtbild zusammenbringt. Es fordert zum schnellen und ausdauernden Widerstand heraus.« *Robert Jungk*

Tödliche Signale
Die kriegerische Geschichte der Informationstechnik
SL 968

Robert Jungk

im Luchterhand Literaturverlag

Katalog der Hoffnung
51 Modelle für die Zukunft
Herausgegeben von Robert Jungk und der Internationalen Bibliothek für Zukunftsfragen in Salzburg
208 Seiten. Broschur

»Der ›Katalog der Hoffnung‹ sammelt Berichte, die von ermutigenden Anfängen eines anderen Umgangs von Menschen mit Menschen, mit Natur und Umwelt, vom Widerstand überall erzählen.«
Robert Jungk

»Robert Jungk hat nie das Handtuch geworfen. Beharrlich fordert er uns seit Jahrzehnten auf, die Zukunft nicht tatenlos auf uns zukommen zu lassen, sondern sie mit Vernunft und Phantasie in ›Zukunftswerkstätten‹ zu gestalten. Dieses Buch unterscheidet sich von den meisten anderen Präsentationen alternativer Projekte wohltuend dadurch, daß hier die Aktivitäten und Ziele der verschiedenen Initiativen in einer schlichten Sprache dargestellt werden, in einem unprätentiösen Stil, der zum Weiterlesen anregt.
Manches dargestellte Zukunftsmodell wird vielleicht nur ein schöner Traum bleiben. Viele der geschilderten Erfolge aber sind so einleuchtend, daß sie die Ermutigung vermitteln, die sich Robert Jungk versprochen hat.«
Thomas v. Randow, Die Zeit

Frauen in der Wissenschaft

Sammlung Luchterhand

Renate Feyl
Der lautlose Aufbruch
Frauen in der Wissenschaft
SL 465
Die Geschichte der Emanzipation der Frau wird langsam aufgearbeitet. Was bislang fehlte, war eine Darstellung ihrer Rolle in der Wissenschaft, dem wohl am strengsten gehüteten Revier männlichen Ausschließlichkeitswahns.
In elf essayistischen Porträts, von der Biologin Maria Sibylla Merian (1647–1717) bis zu Lise Meitner (1878–1968), hat Renate Feyl den Weg der Frauen in die Wissenschaft, »durch ein Dickicht von Intoleranz und Mißachtung, Beschränkung und Spott«, nachgezeichnet.

»Mit dem Wissen, das für historische Romane ausreichend wäre, schreibt Renate Feyl ihre Essays. Scharfsinnig, aufrüttelnd, elegant.«
Irmtraud Morgner

Helga Königsdorf
Respektloser Umgang
Erzählung. SL 736
Die Autorin, selbst Naturwissenschaftlerin, läßt sich auf eine tiefgreifende Auseinandersetzung mit der Atomphysikerin Lise Meitner ein. »Die Auseinandersetzung gilt der Wissenschaftlerin, der Frau und Jüdin, die sich vollkommen integriert in die konkurrierende Männerwelt am Kaiser-Wilhelm-Institut in Dahlem, die weibliche Ausnahmeerscheinung, die um ihre Lebensleistung betrogen wird ... Die Gestalt der Lise Meitner ist am Ende nicht nur ein Beweisstück gegen einen kurzschlüssigen Feminismus, sondern die Figur einer mißglückten Wissenschaftsgeschichte der Wissenschaften und eines gescheiterten Lebens mit der Wissenschaft.« *Frankfurter Rundschau*